Band 18 · Juni 1982

6

isotopenpraxis

AKADEMIE-VERLAG

ISSN 0021-1915 Isotopenpraxis, Berlin 18 (1982) 6, 201-236

EVP 9,- M 32036

An unsere Autoren

Die Zeitschrift veröffentlicht Beiträge zu folgenden Themen: Kontrolle und Analyse radioaktiver und stabiler Isotope, Anwendung radioaktiver und stabiler Isotope in allen Gebieten der Forschung und Technik, der Industrie, Landwirtschaft und Medizin, Herstellung radioaktiver und stabiler Isotope sowie von markierten Verbindungen, kernelektronische Geräte für die Isotopenanwendung (Dickenmesser, Dichtemesser u. ä.) Detektoren für isotopentechnische Arbeiten und den Strahlenschutz in Isotopenlaboratorien, Meßtechnik und Strahlenschutz, Dosimetrie in Isotopenlaboratorien, kerntechnische Geräte für die Isotopenanwendung (Beton, Bestrahlungsanlagen u. ä.), Strahlenchemie, Radiochemie, ökonomische und perspektivische Fragen, Fragen der Weiterbildung.

1. Aufnahme von Manuskripten

Zur Veröffentlichung angenommen werden nur druckreife, noch nicht anderweitig publizierte Beiträge in deutscher, englischer oder russischer Sprache zum Themenbereich der Zeitschrift und zwar

- Originalarbeiten
- Kurze Originalmitteilungen
- Aus der Praxis
- Zusammenfassende Berichte
- Tagungsberichte
- Informationen.

Sind der Beitrag oder Teile daraus bereits veröffentlicht oder ist eine anderweitige Veröffentlichung vorgesehen, so muß dies der Redaktion mit genauer Angabe der Zweitveröffentlichung mitgeteilt werden. Mit der Annahme des Manuskriptes behält sich der Verlag das Recht der Vervielfältigung, Verbreitung und Übersetzung innerhalb der gesetzlichen Schutzfrist vor. Auszugsweiser Nachdruck oder photomechanische u. a. Wiedergabe sind an eine zugsweiser Nachdruck oder photomechanische u. a. Wiedergabe sind an eine schriftliche Genehmigung des Verlages gebunden. Manuskripte, Zeichnungen und Photos von veröffentlichten Arbeiten werden nur auf den besonderen und bis zum Zeitpunkt der Veröffentlichung mitgeteilten Wunsch des Autors zurückgesandt.

Bei der unverlangten Einreichung von Manuskripten wird empfohlen, eine Befürwortung eines der Herausgeber oder Redaktionsausschußmitglieder beizufügen.

Manuskripte sind einzureichen bei der Redaktion, 1086 Berlin, Leipziger Str. 3–4

2. Form der Manuskripte

Die Autoren werden gebeten:

2 Manuskripte, eines davon in Original-Maschinenschrift, einseitig und mit 2zeiligem Abstand einzureichen; gut leserliche Photokopien sind zulässig; auf dem 1. Blatt (unter Weglassung der Bezeichnung)

- den Titel der Arbeit
- Vorname-Initialen und Namen sämtlicher Autoren
- gegebenenfalls die Institution, in der sie tätig sind
- eine kurze Zusammenfassung der Arbeit von höchstens 15 Zeilen
- Keywords in alphabetischer Reihenfolge und
- als Fußnote die Anschrift der Institution anzugeben;

wenn möglich, auf gesonderten Blättern Namen, Titel der Arbeit und Zusammenfassung in den beiden anderen obengenannten Sprachen 2fach beizufügen;

Literaturhinweise (fortlaufend numeriert), Fußnoten, Tabellen, Abbildungen (in 2–3facher Veröffentlichungsgröße), Abbildungsunterschriften (getrennt von den Abbildungen, mit Zeichenerklärungen, Quellenangaben, falls erforderlich, und gegebenenfalls mit einem Vermerk für besondere Wünsche bezüglich der Abbildungsgröße), private und Dienstanschrift der Verfasser mit akademischen Titeln und ausgeschriebenen Vornamen uaf besonderen Blättern ans Ende des Manuskriptes zu stellen;

Wünsche für den Kolumnentitel (Seitenüberschrift) bekanntzugeben;

Absätze durch Einzüge von mindestens 3 Anschlägen kenntlich zu machen; die Maßeinheiten des SI-Systems ("Systeme International") zu verwenden; Korrekturen im Manuskript unmittelbar an der zu korrigierenden Stelle anzubringen;

Formeln deutlich lesbar und möglichst groß einzutragen;

Farbabbildungen und nachträgliche Änderungen oder Ergänzungen in Abbildungen zu vermeiden;

hervorzuhebende Textstellen zu unterstreichen, und zwar halbfetten Satz mit einer geraden schwarzen Linie, kursiven Satz (Schrägschrift) mit einer blauen Wellenlinie (alle Eigennamen). Sperrungen gestrichelt;

besondere Buchstaben durch farbige Unterstreichung zu kennzeichnen, und zwar Formelzeichen in

- Griechisch-Kursiv (α, β, ...) rot,
- Kursiv (A, B, ...) blau
- halbfetter Kursiv ($\boldsymbol{A}$, $\boldsymbol{B}$, ...) 2 Linien blau (Vektoren),
- halbfetter Grotesk (**A**, **B**, ...) 2 Linien violett (Tensoren);

bei Literaturangaben auf Vollständigkeit zu achten. In nachstehender Reihenfolge müssen angegeben sein:

a) bei *Zeitschriften*: Vorname-Initialen und Namen sämtlicher Autoren, Titel der Zeitschrift (nach „Periodica Chimica“ oder möglichst wenig gekürzt), Bandnummer (unterstrichen), Jahreszahl (in Klammern), Heftnummer (nur bei Zeitschriften, die jedes Heft mit S. 1 beginnen) sowie die Seitenzahl, auf der die zitierte Arbeit beginnt.

b) Bei *Büchern*: Initialen der Vornamen und Name des Autors (Herausgeber werden durch den Zusatz „ed.“ gekennzeichnet), voll ausgeschriebener Titel des Buches in der Originalsprache, evtl. Bandnummer, voll ausgeschriebener Name des Verlages, Nummer der Auflage (außer der ersten), Erscheinungsort(e), Erscheinungsjahr (hier nicht in Klammern setzen!) und evtl. Kapitelnummer, Seitenzahl u. ä.

c) bei *Sammelbänden, Tagungsberichten*: Es soll zusätzlich der Titel des zitierten Beitrags angegeben werden. Die Seitenzahl muß unbedingt angegeben werden. Aus dem Zitat muß hervorgehen, ob es sich um einen Tagungssammelband oder um einen noch nicht veröffentlichten Vortrag handelt. Zwischen Tagungsort und Erscheinungsort des entsprechenden Tagungsberichts ist zu unterscheiden.

3. Korrekturen

Der Autor erhält zwei Umbruchabzüge, von denen einer möglichst schnell korrigiert an die Redaktion zurückgereicht werden soll. Auf Wunsch des Autors kann die Korrektur auch von der Redaktion gelesen werden.

Durch nachträgliche Manuskriptänderungen verursachte Korrekturkosten gehen, sofern sie 10% der Satzkosten übersteigen, zu Lasten des Autors.

Der Autor erhält 50 Sonderdrucke kostenlos. Weitere Sonderdrucke können bis zur Rückgabe der Korrekturabzüge auf Kosten des Autors bei der Redaktion bestellt werden.

Bezugsmöglichkeiten

Bestellungen sind zu richten

- in der DDR an den Postzeitungsvertrieb unter Angabe der Kundennummer des Bestellenden oder an den AKADEMIE-VERLAG, DDR-1086 Berlin, Leipziger Straße 3–4, PF-Nr. 1233
- im sozialistischen Ausland an eine Buchhandlung für fremdsprachige Literatur oder an den zuständigen Postzeitungsvertrieb
- in der BRD und Berlin(West) an eine Buchhandlung oder an die Auslieferungsstelle KUNST UND WISSEN, Erich Bieber OHG, D-7000 Stuttgart 1, Wilhelmstraße 4–6
- in den übrigen westeuropäischen Ländern an eine Buchhandlung oder an die Auslieferungsstelle KUNST UND WISSEN, Erich Bieber GmbH, CH-8008 Zürich, Dufourstraße 51
- im übrigen Ausland an den Internationalen Buch- und Zeitschriftenhandel; den Buchexport, Volkseigener Außenhandelsbetrieb der Deutschen Demokratischen Republik, DDR-7010 Leipzig, Postfach 160; oder an den AKADEMIE-VERLAG, DDR-1086 Berlin, Leipziger Straße 3–4

Zeitschrift „Isotopenpraxis“

Herausgeber: Im Auftrag des Akademie-Verlages herausgegeben von Prof. Dr. Justus Mühlenpfordt

Verlag: Akademie-Verlag, DDR-1086 Berlin, Leipziger Straße 3–4, PF-Nr. 1233; Fernruf: 2236221 oder 2236229; Telex-Nr.: 114420;

Bank: Staatsbank der DDR, Berlin, Kto.-Nr.: 6836-26-20712

Verantwortlich für den Inhalt des Heftes: Prof. Dr. H. Hübner, Leipzig

Anschrift der Redaktion (Fernruf Frau H. Schier: 6351177) der Zeitschrift Isotopenpraxis: Akademie-Verlag, DDR-1086 Berlin, Leipziger Str. 3–4, PF-Nr. 1233

Veröffentlicht unter der Lizenznummer 1527 des Presseamtes beim Vorsitzenden des Ministerrates der Deutschen Demokratischen Republik

Gesamtherstellung: VEB Druckerei „Thomas Müntzer“, DDR-5820 Bad Langensalza

Erscheinungsweise: Die Zeitschrift „Isotopenpraxis“ erscheint monatlich, Die 12 Hefte eines Jahrganges bilden einen Band. Bezugspreis je Band 180,– M zuzüglich Versandspesen (Preis für die DDR 108,– M) Preis je Heft 15,– (Preis für die DDR 9,– M)

Bestellnummer dieses Heftes: 1079/18/6

AN (EDV) 12831

ISOTOPENPRAXIS

Band 18 (1982) Heft 6, S. 201—236

Redaktion und Verlag: Akademie-Verlag, Redaktion Isotopenpraxis, 1086 Berlin, Leipziger Straße 3—4

Inhaltsverzeichnis

Originalarbeiten

K.-P. Dostal

Präzisionsbestimmung der Halbwertszeit des Nuklids ^{99m}Tc im Pertechnetation mittels eines Variationsverfahrens

Isotopenpraxis 18 (1982) H. 6, S. 201 bis 203
1 Abb., 1 Tab., 17 Lit.

Mittels eines neuen Variationsverfahrens wurde die Halbwertszeit des ^{99m}Tc in wäßriger Pertechnetatlösung zu 6,0070 ± 0,0018) h (Fehler bezüglich 95 % statistischer Sicherheit) bestimmt.

G. Hanschmann

Reduzierte Zustandssummenverhältnisse isotoper Moleküle auf quantenchemischer Grundlage
I. Mitt MNDO-Berechnungen von Siliziumverbindungen

Isotopenpraxis 18 (1982) H. 6, S. 203 bis 207
2 Abb., 5 Tab., 33 Lit.

Mit Hilfe moderner quantenchemischer Verfahren ist es möglich, reduzierte Zustandssummenverhältnisse und damit Isotopieeffekte chemischer Verbindungen in breitem Maße zu berechnen und auf einheitlicher Basis zu diskutieren. Auch experimentell schwer zugängliche Systeme werden dadurch theoretisch erfaßbar. In einer ersten Mitteilung werden nach der Beschreibung der verwendeten Methode Ergebnisse von MNDO-Berechnungen an SiH_4, SiF_4, $Si(OH)_4$, SiO_4^{4-}, $Si_2O_7^{6-}$ und $Si_3O_9^{6-}$ bezüglich des $^{16}O/^{18}O$- und $^{28}Si/^{30}Si$-Austauschs vorgestellt.

S. G. Katalnikow, A. W. Choroschilow, A. S. Sobolew, A. P. Tumaschew

Optimale Temperatur und optimales Entnahmeverhältnis bei Isotopentrennprozessen (*in Russisch*)

Isotopenpraxis 18 (1982) H. 6, S. 208 bis 211
2 Abb., 1 Tab., 5 Lit.

Zur Trennung von Stoffen mit sehr ähnlichen Eigenschaften (Isotopensysteme) wird eine Gleichung abgeleitet, die es gestattet, die für die Trennung notwendige optimale Temperatur (T_{opt}) und die optimale Größe des Entnahmeverhältnisses (θ_{opt}) zu berechnen. Dabei wird von den Bedingungen entweder eines maximalen Produktstromes oder eines minimalen Anlagenvolumens ausgegangen. Es wird gezeigt, daß die optimale Temperatur eine Funktion der Eigenschaften des Trennsystems und daß das optimale Entnahmeverhältnis eine Funktion der Anfangs- und Endkonzentration der abzutrennenden Komponente ist. Die berechneten Größen für das optimale Entnahmeverhältnis sind in einer Tabelle zusammengefaßt.

M. F. Abdel Wahab, F. X. Sutomo, S. Djajusman, N. Bambang, W. Natawiria

Kinetik und Verteilung von ^{131}I-Thyroxin in Wistar-Albino-Ratten nach oraler Applikation des markierten Hormons (*in Englisch*)

Isotopenpraxis 18 (1982) H. 6, S. 212 bis 215
9 Abb., 3 Tab., 7 Lit.

^{99m}Tc-Thyroxin wurde unter Anwendung des Perjodat-Oxydationsverfahrens unter direkter Reaktion zwischen T_4 und Pertechnetat dargestellt. Die Trennung erfolgte in Sephadex G25. ^{131}I-Thyroxin wurde ebenfalls unter direkter Reaktion von oxydiertem ^{131}I und rekristallisiertem Thyroxin gewonnen. Die Oxydation wurde mit Hilfe des H_2O_2-Verfahrens durchgeführt. Die Kinetik der Reaktion wurde in verschiedenen Zeitintervallen untersucht: 4, 8, 12, 48 und 72 h. Die Abhängigkeit der Ausbeute ist in Tab. 1 dargestellt. In allen Versuchen wurde L-Thyroxin-Natriumsalz von Buchs SG (Schweiz) verwendet Gereinigtes Hormon wurde zu Verteilungsuntersuchungen eingesetzt. Die einzelnen Organe wurden zerlegt und auf Radioaktivität untersucht. Die Ergebnisse sind in Abbildungen, Histogrammen und Tabellen, die Aussagen über das unterschiedliche Verhalten der einzelnen Organe hinsichtlich der Thyroxinaufnahme treffen, dargestellt. Die Reinheit wurde durch Papierchromatographie nachgewiesen.

M. Radwan, K. Gibas, E. Skowrońska

Methode zur statistischen Auswertung von Autoradiogrammen (*in Englisch*)

Isotopenpraxis 18 (1982) H. 6, S. 216 bis 220
13 Abb., – Tab., 8 Lit.

Es wird eine Methode zur statistischen Auswertung autoradiographischer Aufnahmen von Legierungen beschrieben. Es konnte gezeigt werden, daß jede Legierungsstruktur eine unterschiedliche statistische Verteilung einer der Komponenten hat. Dabei wird vorausgesetzt, daß die Bestimmung des Phasendiagramms möglich ist und daß die Art der Legierungsstrukturen identifiziert werden kann.

L. Walis, A. B. Wyszykowska, I. Kras, S. Smorawinski

Analyse des halbkontinuierlichen Al-Gusses auf der Basis autoradiographischer Untersuchungen (*in Russisch*)

Isotopenpraxis 18 (1982) H. 6, S. 220 bis 222
6 Abb., – Tab., 4 Lit.

Unter Einsatz einer radioaktiven Tracers (^{198}Au) und der Autoradiographie wurde der Einfluß der technologischen Bedingungen des halbkontinuierlichen Gießens von Aluminium und seinen Legierungen auf die Form der Kristallisationsfront und auf die Tiefe der flüssigen Phase untersucht. Bei der Analyse des Einflusses der Gießbedingungen waren veränderliche Größen die Form und Abmessungen der Blöcke, das Verfahren der Einbringung flüssigen Metalls in den Kristallisator sowie die Gießgeschwindigkeit. Als konstante Größen wurden unter Berücksichtigung der technologischen Bedingungen angenommen die Temperatur des flüssigen Metalls, das Niveau des flüssigen Metalls im Kristallisator und die Temperatur sowie das Volumen des den Kristallisator kühlenden Wassers. So wurde der Einfluß der obengenannten veränderlichen Größen ermittelt. Die erzielten Ergebnisse können für die Automatisierung des halbkontinuierlichen Gießens von Aluminium und seinen Legierung enverwendet werden. Zur maximalen Begrenzung der Menge des zur Erzielung der Autoradiogramme eingesetzten Tracers wurde ein Röntgenfilm D-7p benutzt.

F. H. Abou El-Nour, A. A. Suhybani, S. H. Al-Khowaiter

Gammastrahlungs-Untersuchungen an mit Metalloxid beschleunigten Nickel-Katalysatoren für den Wasserstoff-Wasser-Deuterium-Austausch (*in Englisch*)

Isotopenpraxis 18 (1982) H. 6, S. 223 bis 225
– Abb., 1 Tab., 23 Lit.

Mit 20 Mol-% verschiedener Metalloxide beschleunigte Nickel-Katalysatoren wurden hergestellt. Die Aktivität der beschleunigten Mischkatalysatoren für den Austausch von Deuteriumisotopen zwischen Wasserstoff und Wasserdampf wurde gemessen. Die Gesamtoberfläche, die spezifische Nickeloberfläche und der Teilchendurchmesser des kristallinen Nickels wurden errechnet. Die für die Errechnung des Teilchendurchmessers verwendete Gleichung wurde aus den Versuchswerten der Messung der Nickeloberfläche nach dem Impulsverfahren hergeleitet. Es wurden Gammastrahlen-Beugungsmessungen durchgeführt. Sie ergaben, daß die einzigen Scheitelwerte bei Katalysatoren, die mit verschiedenen Metalloxiden beschleunigt wurden, die des kristallinen Nickels sind. Die Beziehungen zwischen Oberflächeneigenschaften der beschleunigten Nickelkatalysatoren, ihre Aktivität hinsichtlich des Wasserstoff-Wasser-Deuterium-Austauschs und die Scheitelhöhen der Gammastrahlen-Beugung beim kristallinen Nickel wurden ermittelt.

(Fortsetzung des Inhaltsverzeichnisses auf der Rückseite des 2. gelben Blattes)

ISOTOPENPRAXIS

Band 18 (1982) Heft 6, S. 201—236

Redaktion und Verlag: Akademie-Verlag, Redaktion Isotopenpraxis, 1086 Berlin, Leipziger Straße 3—4

Contents

Articles

K.-P. Dostal

Precision Determination of the Half-Life of the Nuclide ^{99m}Tc in Pertechnetate Ions through Variational Technique

Isotopenpraxis **18** (1982) No. 6, p. 201 to 203
1 Fig., 1 Tab., 17 Ref.

A new variational technique was applied to determine half-life of ^{99m}Tc in aqueous pertechnetate solution to be (6.0070 ± 0.0018) h (error related to 95 % level of confidence).

G. Hanschmann

Reduced Partition Functions of Isotopic Molecules on a Quantum-Chemical Basis
Part I. MNDO-Calculations of Silicon Compounds

Isotopenpraxis **18** (1982) No. 6, p. 203 to 207
2 Fig., 5 Tab., 33 Ref.

Modern quantum-chemical methods enable us to calculate reduced partition functions and therefore isotopic effects of chemical species on a large scale and to discuss them on a uniform basis. Systems, which are difficult to handle experimentally, now can be treated theoretically. In the first part the method used is described and results from MNDO-calculations of SiH_4, SiF_4, $Si(OH)_4$, SiO_4^{4-}, $Si_2O_7^{6-}$, and $Si_3O_9^{6-}$ concerning the $^{16}O/^{18}O$- and $^{28}Si/^{30}Si$-exchange are presented.

S. G. Katalnikov, A. W. Choroshilov, A. S. Sobolev, A. P. Timashev

Optimum Temperatures and Withdrawal Ratio of Isotopic Separation Processes (*in Russian*)

Isotopenpraxis **18** (1982) No. 6, p. 208 to 211
2 Fig., 1 Tab., 5 Ref.

For the separation of substances with very similar properties (isotopic systems) there has been derived an equation allowing to calculate the optimum temperature (T_{opt}) and the optimum value for the withdrawal ratio (θ_{opt}) necessary to know for actually separation problems. The derivation has been started from the condition either of a maximum of productivity or of a minimum of the separation plant volume. It has been pointed out that the optimum temperature is a function of the properties of the separation system and that the optimum of the withdrawal ratio is a function of the initial and final concentrations of the component to be separated. The calculated values of the optimum withdrawal ratio have been compiled in a table.

M. F. Abdel Wahab, F. X. Sutomo, S. Djajusman, N. Bambang, W. Natawiria

Kinetics and Distribution of Radioiodinated Thyroxine ^{131}I in Wistar Albino Rats after Oral Administration of the Labelled Hormone (*in English*)

Isotopenpraxis **18** (1982) No. 6, p. 212 to 215
9 Fig., 3 Tab., 7 Ref.

Thyroxine ^{99m}Tc was prepared by direct interaction between T_4 and pertechnetate using periodate oxidation method. The separation was done in Sephadex G25. Thyroxine ^{131}I was also prepared by direct interaction between oxidized iodine ^{131}I and recrystallined thyroxine. The oxidation was carried out by use of H_2O_2 method. The kinetics of the reaction was studied versus time intervals: 4, 8, 12, 24, 48 and 72 h. The yield dependence was represented in tab. 1. L-Thyroxine sodium salt Buchs SG (Switzerland) was used all-over the tests. The purified hormone was used for distribution studies. The different concerned

Содержание

Статьи

К.-П. Досталь

Точное определение периода полураспада нуклида ^{99m}Tc в ионах пертехнетата с помощью вариационного метода

Isotopenpraxis **18** (1982) вып. 6, стр. 201 до 203
1 рис., 1 табл., 17 лит.

С помощью нового вариационного метода был определен пефиод полураспада ^{99m}Tc в водном растворе претехнетата равным $(6{,}0070 \pm 0{,}0018)$ h (погрешность отн. 95 % статистической надежности).

Г. Ханшманн

Приведенные отношения по суммам состояния изотопических молекул на квантовохимической базе. I. Расчеты MNDO кремневых соединений

Isotopenpraxis **18** (1982) вып. 6, стр. 203 до 207
2 рис., 5 табл., 33 лит.

Современные квантовохимические методы позволяют в широкой мере расчетом определить приведенные отношения по суммам состояния и обсудить их на едином основании. Даже трудно доступные экспериментальные системы можно таким образом теоретически исследовать. В первом сообщении вместе с описанием применяемого метода представляются результаты расчетов MNDO, выполненных на SiH_4, SiF_4, $Si(OH)_4$, SiO_4^{4-} $Si_2O_7^{6-}$ и $Si_3O_9^{6-}$ для обнаружения обмена $^{16}O/^{18}O$ и $^{28}Si/^{30}Si$.

С. Г. Катальников, А. В. Хорошилов, А. С. Соболев, А. П. Тимашев

Оптимальная температура и оптимальный относительный отбор в процессах разделения изотопов (*на русск. языке*)

Isotopenpraxis **18** (1982) вып. 6, стр. 208 до 211
2 рис., 1 табл., 5 лит.

Применительно к разделению веществ с близкими свойствами получены уравнения, позволяющие рассчитать оптимальную температуру проведения процесса разделения ($T_{опт}$) и оптимальное значение относительного отбора ($\theta_{опт}$), исходя из условий или максимальной удельной производительности или минимума объема установки. Показано, что $T_{опт}$ является функцией свойств разделительной системы, а $\theta_{опт}$ — функцией начальной и конечной концентраций выделяемого компонента. Рассчетные значения $\theta_{опт}$ сведены в таблицу.

М. Ф. Абдель Вахаб, Ф. К. Сутомо, С. Дьяюсман, Н. Бамбанг, В. Натавирия

Кинетика и распределение йодированного тироксина ^{131}I в крысах-албиносах Вистара после введения через рот меченого гормона (*на англ. языке*)

Isotopenpraxis **18** (1982) вып. 6, стр. 212 до 215
9 рис., 3 табл., 7 лит.

Применяя способ окисления перйодата, тироксин ^{99m}Tc был получен путем непосредственной реакции T_4 с пертехнетатом. Разделение осуществлялось в Сефадексе G 25. Тироксин ^{131}I также был получен непосредственной реакцией окисленного ^{131}I с рекристаллизованным тироксином. Окисление проводилось с помощью метода H_2O_2. Кинетика реакции исследовалась в различные интервалы времени: 4 часа, 8 часов, 12 часов, 48 часов и 72 часа. Зависимость выхода показана в табл. 1. По всему опыту использовалась L-тироксиновая натриевая соль фирмы Букс СГ (Швейцария). Очищенный гормон был исполь-

Präzisionsbestimmung der Halbwertszeit des Nuklids ^{99m}Tc im Pertechnetat-Ion mittels eines Variationsverfahrens

K.-P. Dostal

(Zentralinstitut für Isotopen- und Strahlenforschung der AdW der DDR)[1]

Mittels eines neuen Variationsverfahrens wurde die Halbwertszeit des ^{99m}Tc in wäßriger Pertechnetat-Lösung zu (6,0070 ± 0,0018) h (Fehler bzgl. 95% statistischer Sicherheit) bestimmt.

Keywords

accuracy; half-life; pertechnetates; technetium 99; variational methods

1. Einleitung

Bei einer Reihe von Radionukliden hängt die Zerfallsgeschwindigkeit etwas vom chemischen Zustand der zerfallenden Atome ab [1–5]. Zu ihnen gehört ^{99m}Tc, das sich mit einer Halbwertszeit von 6 Stunden in den betaaktiven Grundzustand ^{99g}Tc umwandelt [6–8]. Für dieses Nuklid liegen Halbwertszeitbestimmungen vor [9–11], die um einige Promille differieren. Das ist gerade die Größenordnung der chemisch verursachten Halbwertszeitunterschiede. Derartige Variationen sind mit einem Fehler von etwa 0,1‰ erfaßbar (vgl. [7] und [12]), doch nur als Relativmessungen, bezogen auf eine Vergleichsprobe, etwa mittels des Quotientenverfahrens nach *Huber* et al. [6, 13, 14]. Das Ziel dieser Arbeit war eine Absolutbestimmung der Halbwertszeit von ^{99m}Tc mit hoher Genauigkeit.

Systematische Fehler beruhen hierbei im wesentlichen auf Störaktivitäten, Driften und ungenauer Totzeit. Diese Effekte lassen sich weitgehend mittels eines „Exponentialtests" erkennen. Das eigentliche Prinzip der Methode besteht in einem Variationsverfahren: Die Totzeitermittlung nach *Martin* gründet sich auf einen funktionellen Zusammenhang, der nur bei richtig gewählter Zerfallskonstante linear ist; d. h., bei Variation der Zerfallskonstanten hat der durch lineare Regression ermittelte Fehler des Anstiegsfaktor gerade für die gesuchtes Zerfallskonstante λ ein Minimum.

2. Exponentialtest

Werden die auf Untergrund und Totzeit (erster Art) korrigierten Zählraten $z'(t)$ mit einer theoretischen Zerfallskurve verglichen, dann muß im Idealfall der Quotient

$$v(t) = \frac{z'(t)}{z'(0)\, e^{-\lambda t}}$$

zeitlich konstant $=1$ sein. Wählt man statt der wahren Zerfallskonstanten λ einen Näherungswert $\lambda' = \lambda + \Delta\lambda$ und korrigiert die gemessenen Zählraten $z_g(t)$ mit einer fehlerhaften Totzeit $T' = T + \Delta T$ gemäß

$$z'(t) = \frac{z_g(t)}{1 - z_g(t) \cdot T'}$$

so folgt

$$v(t) - 1 \approx \Delta\lambda t - z_{go}\, \Delta T(1 - e^{-\lambda t})$$

Der erstgenannte Fehler führt also zu einem linearem Verlauf, während sich der letztere in einem exponentiell abnehmenden Verlauf asymptotisch an die Abszissenparallele $v(t) - 1 = -z_{go}\, \Delta T$ bemerkbar macht.

Es lassen sich auch Korrekturfehler ΔU hinsichtlich der Störstrahlung erkennen. Hierzu ist der Ausdruck

$$v(t) = \frac{z' - U'}{(z_0' - U') \cdot e^{-\lambda t}}$$

mit der auf Totzeit korrigierten Zählrate z' und einem „Untergrund"-Wert $U' = U + \Delta U$ (U = wahre Störstrahlungsintensität) zu bilden, woraus sich

$$v(t) - 1 \approx -\frac{\Delta U}{z_0'} \cdot (e^{\lambda t} - 1)$$

ergibt. Korrigiert man z. B. nur mit dem Raumuntergrund, obwohl noch eine radionuklidische Verunreinigung vorhanden ist, so äußert sich diese in einem exponentiellen Verlauf der Funktion $v(t) - 1$.

Die drei genannten Einflüsse überlagern sich additiv. Da ihre Zeitabhängigkeiten so verschiedenartig sind, kann man die einzelnen Anteile näherungsweise trennen. Die Zerfallsstatistik liefert dem Verfahren Grenzen: Bei Anfangszählraten um 10^4 Imp./s wurden die Zählraten alle 20 Minuten je 10 Minuten lang über einen Zeitraum von etwa 18 Stunden gemessen und mit einem Zeichenprogramm als $v(t) - 1$ graphisch dargestellt. Dabei ließen sich noch Unterschiede in der Zerfallskonstante von 0,5 ‰, Totzeitfehler $>5\%$ und Werte von $|\Delta U|/z_{go} \approx 10^{-4}$ klar erkennen, wenn die Effekte einzeln vorlagen. Auch Drifterscheinungen jeder Art (verursacht z. B. durch Geometrieveränderungen in den Proben oder Änderungen in den Parametern von Detektor und Nachfolgeelektronik) werden in diesem Test empfindlich widergespiegelt. Schwach exponentiell abnehmende Langzeitdriften, die prinzipiell nicht auszuschließen sind, lassen sich allerdings von Abweichungen in der Zerfallskonstante nicht unterscheiden. Man darf aber annehmen, daß sie sich, wenn schon vorhanden, im Mittel aus mehreren Messungen kompensieren.

Um einen möglichen systematischen Einfluß der „Vorgeschichte" zu überprüfen, wurden einige Proben schon einen Tag vor der Messung (mit entsprechend 16facher Aktivität) hergestellt und nach Verlauf von 4 Halbwertszeiten jeweils mit unmittelbar zuvor hergestellten Proben im Quotientverfahren [6] verglichen. Die beiden Proben-

[1]) Anschrift: 7050 Leipzig, Permoserstr. 15

klassen erwiesen sich praktisch als gleich: 4 Probenpaare ergaben einen mittleren relativen Unterschied in den Zerfallskonstanten von $(+0{,}03 \pm 0{,}21)$ ‰, wobei der Fehler auf 95% statistische Sicherheit bezogen ist.

Aus zahlreichen Messungen erfolgte nun mittels des beschriebenen Tests eine Auswahl, die nur geradlinige, von der Abszisse wenig abweichende Verläufe von $v(t) - 1$ zuließ.

3. Ein Variationsverfahren zur Ermittlung der Zerfallskonstanten

Da die Totzeit in einer Meßapparatur zeitlichen Schwankungen unterliegt, empfiehlt es sich, sie gleichzeitig mit dem Aufnehmen der Zerfallskurve zu ermitteln. Ein für Halbwertszeiten in der Größenordnung von Stunden sehr praktisches und genaues Verfahren zur Totzeitbestimmung ist die Methode nach *Martin* [16], die zwar die Kenntnis der Zerfallskonstanten voraussetzt, sich aber für die gleichzeitige Bestimmung beider Größen, also insbes. der richtigen Zerfallskonstanten, modifizieren läßt (vgl. [17]):

Die korrigierte Zählrate z' folgt aus der durch Totzeit 1. Art T und Untergrund $U = U_g/(1 - TU_g)$ (U_g = gemessener Untergrund) beeinflußten gemessenen Zählrate z_g entsprechend

$$z' = \frac{z_g}{1 - Tz_g} - \frac{U_g}{1 - TU_g} \tag{1}$$

Mit dem Zerfallsgesetz erhält man daraus

$$(z_g - U_g) \cdot e^{\lambda t} = z_0'(1 - TU_g) \cdot (1 - Tz_g) \tag{2}$$

also einen linearen Zusammenhang zwischen der linken Seite und z_g, wobei sich die Totzeit dem Betrag nach als Quotient aus Steigerung und Ordinatenabschnitt ergibt. Mit einem Näherungswert $\lambda' = \lambda + \Delta\lambda$ für λ errechnet sich die Beziehung

$$(z_g - U_g) \cdot e^{\lambda' t} = z_0'(1 - TU_g)(1 - Tz_g) \times \left[\frac{z_0}{\dfrac{1}{\dfrac{1}{z_g} - T} - U}\right]^{\frac{\Delta\lambda}{\lambda}} \tag{3}$$

die um so weniger linear ist, je größer $|\Delta\lambda|$ ist. Wird daher bei vorausgesetzter Linearität mittels linearer Regression der statistische Fehler des Anstiegsfaktors berechnet, dann hat letzterer ein Minimum gerade im Falle $\lambda' = \lambda$ (und in diesem Minimum liefert der genannte Quotient die richtige Totzeit).

Deshalb berechnet ein Rechenprogramm unter Voraussetzung eines linearen Zusammenhangs der Größe $(z_g - U_g) \cdot e^{\lambda' t}$ mit der gemessenen Zählrate z_g die Totzeit nach *Martin* und den Fehler des Anstiegsfaktors, was bei Variation des Parameters λ' mit hinreichend kleiner Schrittweite $(3 \cdot 10^{-9}\,\mathrm{s}^{-1})$ vielfach wiederholt wird. Der zum niedrigsten Fehler des Anstiegsfaktors gehörende Wert λ' gilt als die gesuchte Zerfallskonstante.

Die Konsistenz des Verfahrens wurde auf verschiedene Weise überprüft. Z. B. müssen sich bei abwechselnder Messung zweier Proben von unterschiedlicher Zerfallskonstante gleiche Totzeiten ergeben. Dies ist der Fall, wie Abb. 1 illustriert: Die vom Programm berechneten Totzeitwerte erweisen sich als lineare Funktionen von λ', unterschiedlich für Proben, deren Zerfallskonstanten differieren; die den beiden Minima entsprechenden „richtigen" Totzeiten sind dagegen bis auf weniger als 1% gleich.

Die Zerfallskonstanten wurden mit teilweise nur genäherter Totzeit auch als negativer Anstieg aus den logarithmierten Zerfallskurven bestimmt. Sie weichen, wie es die Rechnung fordert, um so mehr von den durch Variation ermittelten Werten ab, je mehr sich die genäherten Totzeiten von den zu den Minima des Anstiegsfehlers gehörenden Totzeiten unterscheiden. Die Funktionen

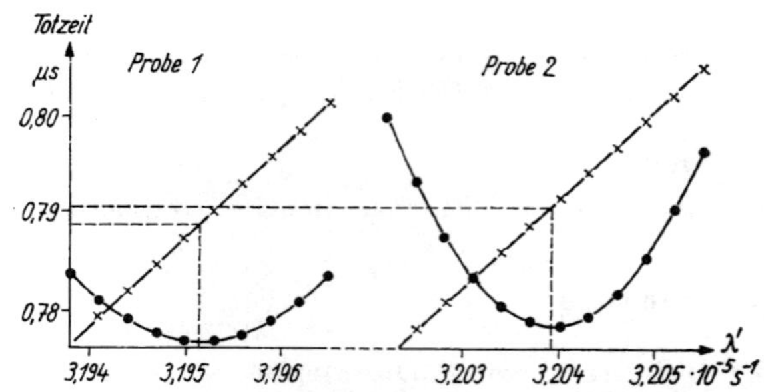

Abb. 1. Gleichheit der Totzeit aus zwei Proben unterschiedlicher Zerfallskonstante

× – Totzeit; ● – Fehler des Anstiegs (in linearer Skala)

$v(t) - 1$ im Exponentialtest ergeben nur dann Geraden, wenn beide Totzeiten übereinstimmen, dann sind auch die auf verschiedene Weise berechneten Zerfallskonstanten gleich.

Es sei noch angemerkt, daß Gl. (3) für negative Werte von $\Delta\lambda/\lambda$ an der Stelle

$$z_{g\max} = -\frac{\Delta\lambda}{\lambda T} \cdot (1 - TU_g)$$

ein Maximum hat. Diese Maxima stellen als Funktion von $-\Delta\lambda/\lambda$ wieder einen linearen Zusammenhang dar (mit der Steigerung $\approx 1/T$, da TU_g in der Größenordnung von 10^{-4} liegt), woraus sich ebenfalls Totzeit und Zerfallskonstante bestimmen lassen. Sie erscheinen aber bei niedrigen Zählraten, was wegen der ungünstigen Zählstatistik einen hohen Aufwand bedingt.

4. Störstrahlung

Die einzelnen Proben wurden gleichzeitig in zwei voneinander unabhängigen Meßkanälen gemessen (vgl. [6]), deren relative Nulleffekte ca. $4 \cdot 10^{-4}$ bzw. ca. 10^{-3} betrugen. Die Meßunsicherheit der (vor und nach der eigentlichen Messung als Mittelwert bestimmten und in Rechnung gesetzten) Nulleffekte äußert sich in zufälligen Schwankungen der einzelnen Zerfallskonstanten.

Im Gegensatz dazu verfälschen radionuklidische Verunreinigungen die Zerfallskonstante systematisch zu kleineren Werten hin. Die Rechnung liefert für die Verfälschung

$$\Delta\lambda \approx \frac{1 - e^{\lambda t}}{t} \cdot \frac{U}{z_0'} \tag{4}$$

Die Aktivität der Proben entstammt Eluaten eines kommerziellen Mo/Tc-Generators (Hersteller ZfK Rossendorf), die als radionuklidische Verunreinigungen im wesentlichen geringe Anteile von ^{99}Mo und ^{125}J enthalten. Um letztere zu erniedrigen, wurden alle Proben gereinigt [15].

Damit ergab sich eine obere Schranke für U/z_0 von $1,8 \cdot 10^{-5}$, woraus nach Gl. (4) für $-\Delta\lambda$ eine Korrektur von maximal $1,964 \cdot 10^{-9}\,s^{-1}$ folgt.

5. Resultate

Bei allen Meßproben handelte es sich um $^{99m}TcO_4^-$-Ionen in wäßriger Lösung. Jede Probe wurde nach der Reinigungsprozedur (vgl. Abschn. 4) zur Sicherstellung des Tc(VII)-Zustandes mit H_2O_2 behandelt und dünnschichtchromatographisch (mit Aceton auf Silufol) kontrolliert. Alle Chromatogramme zeigten einen einzigen Peak bei $R_f = 0,8$. Die Meßergebnisse sind in Tab. 1 angegeben.

Tab. 1. Meßergebnisse (Zerfallskonstante in Einheiten von $10^{-5}\,s^{-1}$)

(1) Nr.	(2) Meßkanal 1	(3) Meßkanal 2	(4) Mittel aus (2) und (3)
1	3,2066	3,2042	3,2054
2	3,2063	3,2045	3,2054
3	3,2069	3,2054	3,20615
4	3,2060	3,2060	3,2060
5	3,2060	3,2063	3,20615
6	3,2033	3,2048	3,20405
7	3,2045	—	3,2045
8	3,2036	—	3,2036

Aus dem Mittelwert von Spalte (4) erhält man unter Berücksichtigung der in Abschn. 4 genannten Korrektur als Endergebnis für die Zerfallskonstante des ^{99m}Tc im TcO_4^--Ion

$$\lambda = (3,20525 \pm 0,00093) \cdot 10^{-5}\,s^{-1}$$

bzw. für die Halbwertszeit

$$T_{1/2} = (6,0070 \pm 0,0018)\ h$$

mit beiden Fehlerangaben bzgl. 95% stat. Sicherheit. Eine genauere Absolutmessung des Zerfalls von ^{99m}Tc ist bisher nicht bekannt.

Ich danke meinen Kollegen Dipl.-Phys. *W. Stuchlik*, Dr. *M. Nagel* und insbes. Dipl.-Phys. *D. Hinneburg* für ihre Mitarbeit.

Eingegangen am 20. 8. 1981

Literatur

[1] *G. T. Emery*, Ann. Rev. Nucl. Sci **22** (1972) 165
[2] *H.-P. Hahn* u. a., Radiochim. Acta **23** (1976) 23
[3] *K.-P. Dostal* u. a., Z. Naturforsch. **32a** (1977) 345
[4] К. В. *Макарюнас*, Методика исследований радиоактивных превращений в химических соединениях. Инст. физики АН Литовской ССР, Вильнюс 1979
[5] *H. Daniel*, Atomic Energy Review **17** 2 (1979) 287
[6] *M. Nagel* et al., Z. Naturforsch. **33a** (1978) 1050
[7] *K.-P. Dostal, B. Bayerl*, Z. Naturforsch. **35a** (1980) 894
[8] *E. Hartmann* u. a., Z. Phys. **A290** (1979) 349
[9] *C. M. Lederer, V. S. Shirley*, Table of Isotopes, 7. Aufl. New York usw., Wiley 1978
[10] Evaluated Nucl. Structure Data File, ed. and maintained by Nuclear Data Project at ORNL in behalf of International Network for Nucl. Structure Data Evaluation (March 1980)
[11] *E. Schönfeld*, Isotopenpraxis **14** (1978) 329
[12] *B. Johannsen* u. a., Radiochem. Radioanal. Lett. **47** (1981) 57
[13] *P. Huber* et al., Phys. Lett. **27B** (1968) 86
[14] *St. Gagneux* et al., Helv. phys. Acta **43** (1970) 39
[15] *K.-P. Dostal, H. Kupsch*, Isotopenpraxis **16** (1980) 65
[16] *G. R. Martin*, Nucl. Instr. and Meth. **13** (1961) 263
[17] *K.-P. Dostal*, Nucl. Instr. and Meth. **156** (1978) 613

Reduzierte Zustandssummenverhältnisse isotoper Moleküle auf quantenchemischer Grundlage
I. Mitt. MNDO-Berechnungen von Siliziumverbindungen

G. Hanschmann

(Zentralinstitut für Isotopen- und Strahlenforschung der AdW der DDR)[1])

Mit Hilfe moderner quantenchemischer Verfahren ist es möglich, reduzierte Zustandssummenverhältnisse und damit Isotopieeffekte chemischer Verbindungen in breitem Maße zu berechnen und auf einheitlicher Basis zu diskutieren. Auch experimentell schwer zugängliche Systeme werden dadurch theoretisch erfaßbar. In dieser ersten Mitteilung werden nach der Beschreibung der verwendeten Methode Ergebnisse von MNDO-Berechnungen an SiH_4, SiF_4, $Si(OH)_4$, SiO_4^{4-}, $Si_2O_7^{6-}$ *und* $Si_3O_7^{6-}$ *bezüglich des* $^{16}O/O^{18}$- *und* $^{28}Si/^{30}Si$-*Austauschs vorgestellt.*

Keywords

isotope effects; isotopic exchange; oxygen 18; quantum chemistry; silicon 30; silicon compounds; statistical mechanics

1. Einleitung

Eine der Voraussetzungen für die effektive Nutzung der Möglichkeiten der Isotopenmethode in Forschung und Praxis ist die zielgerichtete Anwendung theoretischer Verfahren. Diese sind insbesondere dann erforderlich, wenn die Art der zu behandelnden Systeme der Meßbarkeit von Isotopieeffekten Grenzen setzt. Das trifft z. B. auf die Gebiete der Bio- und Geowissenschaften zu, wo der komplexe Charakter sowohl der Untersuchungsobjekte als auch der ablaufenden Vorgänge die Messung und Deutung von Isotopieeffekten außerordentlich erschwert.

[1]) Anschrift: 7050 Leipzig, Permoserstr. 15

Bei der Berechnung thermodynamischer und kinetischer Isotopieeffekte in molekularen Systemen benutzt man Methoden der statistischen Mechanik [1–3]. Hierbei muß jedoch neben der Molekülgeometrie ein vollständiger Satz von Grundschwingungsfrequenzen gegeben sein. Die experimentellen Schwierigkeiten und prinzipiellen Grenzen bei der Gewinnung dieser Frequenzen sind hinlänglich bekannt. Deshalb erscheint es wünschenswert und in vielen Fällen unumgänglich, sich eines anderen als des „klassischen" Zugangs zu den Schwingungsfrequenzen zu bedienen. Hierzu bietet sich die Quantenchemie als eine der tragfähigsten und am breitesten angelegten theoretischen Methoden zur Untersuchung von Molekülstrukturen an. Während jedoch auf dem Gebiet der UV-Spektroskopie die Anwendung quantenchemischer Methoden längst üblich ist, gibt es hierfür in der Schwingungsspektroskopie einen erheblichen Nachholbedarf. Erst neuere rechentechnische Möglichkeiten haben einen quantenchemischen Zugang zu Infrarotspektren größerer Moleküle eröffnet. Dabei spielen aus Gründen des Rechenzeitbedarfs gegenwärtig semiempirische Molecular Orbital(MO)-Verfahren eine dominierende Rolle.

Bezüglich der Berechnung sowohl von Schwingungsfrequenzen als auch von Isotopieeffekten liegen z. B. für das MINDO (Modified Intermediate Neglect of Differential Overlap) [4]- und das MNDO (Modified Neglect of Differential Overlap) [5]- Verfahren bereits positive Erfahrungen vor [6–16]. Jedoch reichen diese für eine Gesamteinschätzung der Leistungsfähigkeit der genannten MO-Methoden, insbesondere bei ausgedehnten vergleichenden Untersuchungen von Isotopieeffekten, noch nicht aus.

Unser Ziel war es deshalb, anhand von Berechnungen einer möglichst großen Anzahl unterschiedlich isotopensubstituierter Verbindungen zu klären, in welchem Maße sich einerseits aus dem Experiment bekannte Tatsachen reproduzieren und andererseits weiterführende Erkenntnisse gewinnen lassen. In der hier vorliegenden ersten Mitteilung werden neben einer kurzen Beschreibung des Rechenganges Ergebnisse für einige Siliziumverbindungen vorgestellt.

2. Methode

Ausgehend von einer näherungsweise richtigen gegenseitigen räumlichen Anordnung der Atome einer betrachteten Spezies wird zunächst die Gleichgewichtsgeometrie im Rahmen der verwendeten MO-Methode bestimmt. Das geschieht durch Minimieren der Gesamtenergie E_T des Systems unter Benutzung des Gradienten $\boldsymbol{g}$ [4, 5, 17]. Dieser ist ein Spaltenvektor, der die ersten Ableitungen der Energie E_T nach den kartesischen Atomkoordinaten q_l enthält. Seine Komponenten

$$(E_T/\partial q_l) \qquad q = x, y, z \tag{1}$$

sind physikalisch gesehen die in Richtung der Koordinaten q auf den Kern l wirkenden Kräfte.

Die ausgezeichneten Punkte auf der Potentialhyperfläche $E_T(q_l)$ des Moleküls bzw. molekularen Systems sind stationäre Punkte (Gleichgewichtskonformationen, Sattelpunkte u. ä.), für die der Gradient der Potentialenergie (1) ein Nullvektor

$$\boldsymbol{g} = 0 \tag{2}$$

ist. Den klassischen Algorithmus derartiger Verfahren stellt die *Newton-Raphson*-Methode dar [18]. Dabei werden die Koordinaten q_l in der $(n+1)$ten Iteration aus der vorangegangenen gemäß

$$\boldsymbol{q}_{n+1} = \boldsymbol{q}_n - \alpha_n \boldsymbol{A}_n \boldsymbol{q}_n; \qquad E_T(\boldsymbol{q}_{n+1}) < E_T(\boldsymbol{q}_n) \tag{3}$$

berechnet ($\boldsymbol{q}$ — Spaltenvektor der Koordinaten; $\boldsymbol{A}$ — inverse Matrix der 2. Ableitungen der Energie nach den Koordinaten

$$\boldsymbol{H}_k = \partial^2 E_T/\partial q_l \partial q_m \tag{4}$$

$\boldsymbol{H}_k$ — harmonische Kraftkonstantenmatrix; α_n — Schrittweite). Die Kraftkonstantenmatrix (4), dargestellt in massegewichteten Koordinaten ($q_l' = m_l q_l$), liefert bei der Diagonalisierung die harmonischen Grundschwingungsfrequenzen ν_k^0 [19].

An dieser Stelle sei darauf hingewiesen, daß der Vorzug der quantenchemischen Bestimmung der Frequenzen einmal darin besteht, daß keine Einschränkungen in der Kraftkonstantenmatrix (außer der harmonischen) gemacht werden, und daß zum anderen ein vollständiger Satz Schwingungsfrequenzen berechnet wird. Darüber hinaus bietet dieses Vorgehen die Möglichkeit, außer gewöhnlichen Molekülen auch Ionen, Radikale, Radikalionen und Übergangskomplexe chemischer Reaktionen mit der gleichen Methode zu behandeln.

Mit den erhaltenen Schwingungsfrequenzen sind wir bei gleichzeitiger Kenntnis der Molekülgeometrie nun in der Lage, durch die Methoden der statistischen Mechanik thermodynamische Größen zu berechnen. Dabei bedienen wir uns des bekannten Zustandssummenformalismus [1]. Es ergeben sich in der Näherung des harmonischen Oszillators und starren Rotators — ideales Gas vorausgesetzt — folgende Beziehungen [20]:

$$Q = Q^+ \exp(-\varepsilon_0/k'T) \tag{5}$$

mit

$$Q^+ = T \cdot R \cdot V \tag{6}$$

$$T = [(2\pi M k' T)^{3/2}/h^3]\, v \tag{7}$$

$$R = (8\pi^2/\sigma) \prod_{q=1}^{3} (2\pi k' T I_q/h^2)^{1/2} \tag{8}$$

$$V = \prod_{k=1}^{3N-6} [1 - \exp(-h\nu_k^0/k'T)]^{-1} \tag{9}$$

$$\varepsilon_0 = 1/2 \sum_{k=1}^{3N-6} h\nu_k^0 \tag{10}$$

Q in Gl. (5) bedeutet die Molekülzustandssumme; der exponentielle Faktor berücksichtigt explizit die Nullpunktsenergie ε_0. T, R und V sind Translations-, Rotations- und Schwingungsanteil zur Gesamtzustandssumme Q. M ist die durch die *Loschmidt*sche Zahl dividierte Molmasse, und v stellt das Molekülvolumen dar. σ ist die Symmetriezahl des Moleküls, I_q repräsentiert die Hauptträgheitsmomente und ν_k^0 $(= c\omega_k^0)$ die harmonischen Grundschwingungsfrequenzen (ω_k^0 — Wellenzahl in cm^{-1}; c — Lichtgeschwindigkeit). N ist die Anzahl der Atome im Molekül; k', h und T sind *Boltzmann*-Konstante, *Planck*sches Wirkungsquantum und absolute Temperatur.

Mit der Definition [1]

$$f = Q'(A_2)/Q'(A_1) \tag{11}$$

wobei sich die Größe $Q'(A)$ aus der Zustandssumme $Q(A)$ der Verbindung A durch

$$Q'(A) = Q(A)/\prod_{l=1}^{N} m_l^{3/2} \tag{12}$$

ergibt (A_1 und A_2 sind chemisch gleichartige Moleküle unterschiedlicher Isotopenzusammensetzung, wobei sich der Index 2 auf das schwere Isotop beziehen soll; m_1 sind die Massen der N Atome des jeweiligen Moleküls), gelangt man zum sog. reduzierten Zustandsummenverhältnis

$$(\sigma_2/\sigma_1)\, f \tag{13}$$

durch Multiplizieren von f (Gl. (11)) mit dem Verhältnis der Symmetriezahlen der isotopen Spezies.

Anhand der Größen (13), die den sog. β-Faktoren isotoper Verbindungen [21, 22] proportional und diesen im Falle des idealen Gaszustandes gleich sind, lassen sich nun thermodynamische und kinetische Isotopeieffekte sowohl direkt berechnen als auch in verschiedener Hinsicht qualitativ und halbquantitativ diskutieren [1–3, 22]. Hierbei erweist sich die Auftrennung der Zustandssummen in einzelne Anteile als besonders günstig. Außerdem können sich durch die separate Behandlung der Schwingungsanteile zu den Zustandssummen Ungenauigkeiten in den Frequenzen, die bei den verwendeten semiempirischen quantenchemischen Verfahren ca. $\pm 10\%$ betragen, nicht so drastisch auswirken. In der Regel läßt sich die Molekülgeometrie mit guter Näherung berechnen, so daß recht genaue Rotationszustandssummen erhalten werden.

Letzten Endes interessieren aber nur die Zustandssummenverhältnisse (13), weshalb es entscheidend ist, daß die Frequenzverschiebungen realistisch wiedergegeben werden. Das ist nach den bisherigen Erfahrungen sowohl für die MINDO/3- als auch für die MNDO-Methode mit ausreichender Genauigkeit erfüllt [10, 23]. Somit erscheint es prinzipiell gerechtfertigt, das beschriebene Berechnungsverfahren zur Gewinnung von Aussagen über Isotopieeffekte (anhand der reduzierten Zustandssummenverhältnisse isotoper Spezies) zu verwenden.

3. Reduzierte Zustandssummenverhältnisse von isotopen Siliziumverbindungen

Im Zusammenhang mit der Abschätzung von Isotopieeffekten in geochemischen Systemen ist die Kenntnis von reduzierten Zustandssummenverhältnissen isotoper Siliziumverbindungen erforderlich. Da es sich hierbei um experimentell schwer zugängliche Größen handelt, wurde die in Abschn. 2. beschriebene Berechnungsmethode angewendet, und zwar speziell das MNDO-Verfahren, da nur in diesem Fall die für die MO-Berechnungen notwendigen Parameter zur Verfügung stehen [24].

In Tab. 1–5 sind die Ergebnisse für SiH_4, SiF_4, $Si(OH)_4$, SiO_4^{4-}, $Si_2O_7^{6-}$ und $Si_3O_9^{6-}$ zusammengestellt.

Tab. 1. Berechnete Bindungslängen r (in 10^{-10} m) und Bindungswinkel φ (in Grad) verschiedener Siliziumverbindungen; experimentell ermittelte Werte in Klammern

SiH_4	$r(Si-H)$	$=1{,}43$	(1,477)	[25]
			(1,456)	[26]
SiF_4	$r(Si-F)$	$=1{,}62$	(1,55)	[25]
$Si(OH)_4$	$r(Si-O)$	$=1{,}70$		
	$r(O-H)$	$=0{,}932$		
	$\varphi(Si-O-H)$	$=121{,}7$		
SiO_4^{4-}	$r(Si-O)$	$=1{,}76$	(1,63)	[27]
$Si_2O_7^{6-}$	$r(Si-O)$	$=1{,}75$	(1,606 bis 1,63)	[28]
	$r(Si-O_B)$*)	$=1{,}81$		
	$\varphi(O_B-Si-O)$	$=111{,}5$	(103 bis 113)	[28]
	$\varphi(Si-O_B-Si)$	$=180$	(180)	[28]
$Si_3O_9^{6-}$	$r(Si-O)$	$=1{,}72$	(1,60)	[29]
(Ring)	$r(Si-O_B)$	$=1{,}75$	(1,64)	[29]
	$\varphi(O_B-Si-O)$	$=112{,}2$	(109)	[29]
	$\varphi(Si-O_B-Si)$	$=139{,}2$	(130)	[29]
	$\varphi(O_B-Si-O_B)$	$=100{,}8$	(109)	[29]
	$\tau(Si-O_B-Si-O_B)$	$=0$		

*) O_B – Brückensauerstoff

Tab. 1 enthält einen Vergleich zwischen berechneten und gemessenen Bindungslängen und -winkeln. Dabei ist zunächst zu berücksichtigen, daß sich die Berechnungen auf den idealen Gaszustand beziehen. Außerdem äußert sich das Fehlen von 3d-Orbitalen in den MO-Berechnungen durch das Ausbleiben der Kontraktion der SiO-Einfachbindungslänge von $1{,}76 \times 10^{-10}$ m auf den experimentell bestimmten Wert [27].

Einen weiteren Anhaltspunkt für die Brauchbarkeit der verwendeten MO-Methode bei den untersuchten Verbindungen liefert der Vergleich zwischen berechneten und gemessenen Kraftkonstanten, Schwingungsfrequenzen und den daraus berechneten Zustandssummen sowie thermodynamischen Funktionen (Tab. 2 und 3).

Bei den Silizium-Sauerstoffverbindungen werden die SiO-Frequenzen durchweg zu niedrig berechnet, was als ein weiterer Hinweis auf die Vernachlässigung der 3d-Orbitale gelten kann. Da jedoch der Valenzzustand in den betrachteten (SiO)-Verbindungen annähernd gleich ist, dürften trotzdem gültige Relativaussagen bezüglich der thermodynamischen Zustandsgrößen abzuleiten sein. Tab.

Tab. 2. Berechnete und experimentell ermittelte Bindungskraftkonstanten f(SiX) und Schwingungsfrequenzen ω^0 von SiH_4, SiF_4 und SiO_4^{4-}

	SiH_4		SiF_4		SiO_4^{4-}		
	ber.	exp. [30]	ber.	exp. [30]	ber.	exp. [31]	Zuordng.
ω^0, cm^{-1}	2306	2191	1084	1032	885	935	ν_{as} SiX
	2309	2187	823	800	715	775	ν_s SiX
	1002	975	318	389	400	460	δ_{as} XSiX
	926	914	224	268	278	275	δ_s XSiX
f(SiX) (10^2 N/m)	3,05	2,71 bis 2,96 [33]	7,02	4,35 bis 7,16[33]	4,09	4,44 [31]	

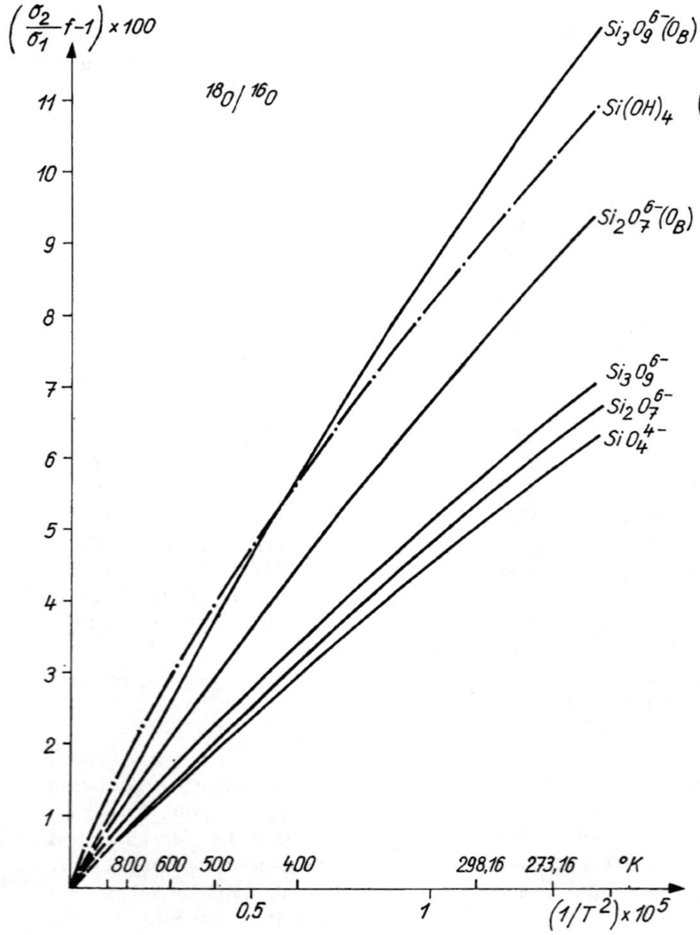

Abb. 1

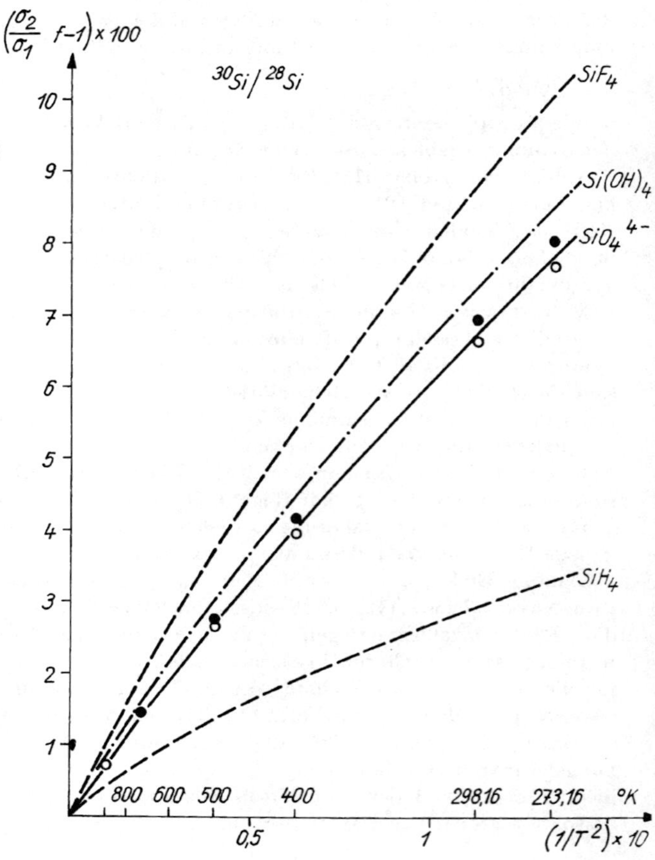

Abb. 2

Abb. 1. Temperaturabhängigkeit der reduzierten ($^{18}O/^{16}O$)-Zustandssummenverhältnisse von Silizium-Sauerstoffverbindungen

Abb. 2. Temperaturabhängigkeit der reduzierten ($^{30}Si/^{28}Si$)-Zustandssummenverhältnisse von Siliziumverbindungen
● – $Si_3O_9^{6-}$; ○ – $Si_2O_7^{6-}$

Tab. 3. Berechnete und experimentell ermittelte Standardentropien S_0 und Molwärmen c_p für SiH_4 und SiF_4 bei 298,16 °K

	SiH_4		SiF_4		
	ber.	exp. [32]	ber.	exp. [32]	
S_0	203,7	204,5	290,1	281,6	J/mol
c_p	42,32	42,76	75,22	73,37	J/mol

4 und 5 enthalten die berechneten reduzierten Zustandssummenverhältnisse bei $^{18}O/^{16}O$- und $^{30}Si/^{28}Si$-Substitution.

Für die Diskussion der Ergebnisse eignet sich eine Darstellung der Größe $\sigma_2/\sigma_1) f - 1$ gegen $1/T^2$ (Abb. 1 und 2) [33].

4. Diskussion

Das reduzierte Zustandssummenverhältnis ist ein allgemeines Maß für den Isotopieeffekt einer Molekel, wobei es z. B. beim Isotopenaustausch gemäß der Definition (13) als Gradmesser für die Anreicherung des schwereren Isotops in dieser Molekel dienen kann. Aus Abb. 1 ist abzulesen,

Tab. 4. Reduzierte ($^{18}O/^{16}O$)-Zustandssummenverhältnisse von Silizium-Sauerstoffverbindungen

		273,16	298,16	400	500	600	800	1000 °K
$Si(OH)_4$		1,1024	1,0896	1,0568	1,0399	1,0295	1,0185	1,0128
SiO_4^{4-}		1,0588	1,0504	1,0295	1,0194	1,0136	1,0078	1,0050
$Si_2O_7^{6-}$		1,0626	1,0537	1,0315	1,0207	1,0144	1,0081	1,0051
	O_B	1,0880	1,0757	1,0450	1,0300	1,0213	1,0125	1,0082
$Si_3O_9^{6-}$		1,0663	1,0570	1,0341	1,0228	1,0167	1,0100	1,0067
	O_B	1,1118	1,0962	1,0572	1,0380	1,0260	1,0147	1,0095

Tab. 5. Reduzierte ($^{30}Si/^{28}Si$)-Zustandssummenverhältnisse von Siliziumverbindungen

	273,16	298,16	400	500	600	800	1000 °K
SiH_4	1,0330	1,0293	1,0193	1,0138	1,0103	1,0063	1,0043
SiF_4	1,1015	1,0884	1,0543	1,0368	1,0257	1,0155	1,0101
$Si(OH)_4$	1,0852	1,0740	1,0452	1,0304	1,0217	1,0127	1,0082
SiO_4^{4-}	1,0785	1,0677	1,0405	1,0270	1,0190	1,0110	1,0071
$Si_2O_7^{6-}$	1,0771	1,0666	1,0398	1,0266	1,0188	1,0109	1,0073
$Si_3O_9^{6-}$	1,0804	1,0694	1,0416	1,0277	1,0195	1,0112	1,0072

daß der Sauerstoffisotopieeffekt mit zunehmendem Vernetzungsgrad der Silikatanionen ansteigt. Außerdem zeigt der Brückensauerstoff deutlich höhere Werte für den Isotopieeffekt als der Endsauerstoff.

Abb. 1 läßt eine Gruppierung der reduzierten Zustandssummenverhältnisse bezüglich ihrer Temperaturcharakteristik in Abhängigkeit von der Bindungsart des Sauerstoffs erkennen. Besonders auffällig ist dabei das abweichende Verhalten der Orthokieselsäure gegenüber den Silikatanionen.

Aus Abb. 2 geht hervor, daß sich die Siliziumisotopieeffekte der verschiedenen Silikatanionen nur sehr wenig voneinander unterscheiden. Ein eindeutiger Zusammenhang mit dem Vernetzungsgrad läßt sich hier jedoch nicht nachweisen. Dafür müßten weitere Strukturen in die Untersuchungen einbezogen werden.

Abschließend ist darauf hinzuweisen, daß derartige Berechnungen an Einzelmolekülen nur abschätzenden Charakter besitzen können, vor allem dann, wenn es sich, wie im Falle der Silikate, bei den praxisrelevanten Objekten um komplizierte Festkörperstrukturen handelt. Da jedoch die Erkenntnisse bei diesen Substanzklassen bisher noch stark mit Empirie behaftet sind, können quantenchemische Untersuchungen als ein notwendiger — wenn auch nicht hinreichender — Schritt bei der theoretischen Durchdringung derartiger Stoffgebiete angesehen werden.

Eingegangen am 15. 7. 1981

Literatur

[1] *G. Vojta*, Theorie der thermodynamischen Isotopieeffekte, Lehrbuch der Kernphysik, Hrsg. *G. Hertz*, Bd. III, Leipzig: B. G. Teubner 1962, S. 88

[2] *H. C. Urey*, J. Chem. Soc. **1947**, 562

[3] *J. Bigeleisen, M. Wolfsberg*, Adv. Chem. Phys. **1** (1958) 15

[4] *R. C. Bingham, M. J. S. Dewar, D. H. Lo*, J. Am. Chem. Soc. **97** (1975) 1285

[5] *M. J. S. Dewar, W. Thiel*, J. Am. Chem. Soc. **99** (1977) 4899

[6] *M. J. S. Dewar, G. P. Ford*, ibid. **99** (1977) 1685

[7] *M. J. S. Dewar, P. Komornicki*, ibid. **99** (1977) 6174

[8] *M. J. S. Dewar, G. P. Ford*, ibid. **99** (1977) 8343

[9] *M. J. S. Dewar, H. S. Rzepa*, J. Mol. Struct. **40** (1977) 145

[10] *M. J. S. Dewar*, Faraday Discuss. Chem. Soc. **62** (1977) 197

[11] *M. J. S. Dewar, S. Olivella, H. S. Rzepa*, J. Am. Chem. Soc. **100** (1978) 5650

[12] *M. J. S. Dewar, G. P. Ford, H. S. Rzepa*, Chem. Phys. Lett. **50** (1977) 262

[13] *S. B. Brown, M. J. S. Dewar, G. P. Ford, D. J. Nelson, H. S. Rzepa*, J. Am. Chem. Soc. **100** (1978) 7832

[14] *G. Engel, H.-J. Köhler, C. Weiss*, Tetrahedron Lett. **32** (1979) 2975

[15] *H.-J. Köhler*, Z. Chem. **19** (1979) 235

[16] *G. Boeck, H.-J. Köhler, C. Weiss*, Z. Chem. **20** (1980) 426, 455

[17] *J. W. McIver, A. Komornicki*, Chem. Phys. Lett. **10** (1971) 303

[18] *K. Schröder*, Mathematik für die Praxis, Bd. II. Berlin: VEB Dt. Verl. d. Wiss. 1965

[19] *E. B. Wilson, J. C. Decius, P. C. Cross*, Molecular Vibrations. New York: McGraw-Hill 1955

[20] *I. N. Godnev*, Berechnung thermodynamischer Funktionen aus Moleküldaten, Berlin: VEB Dt. Verl. d. Wiss. 1963

[21] *Ja. M. Warschavskij, S. E. Weißberg*, Uspechi chimii **26** (1957) H 12

[22] *E. M. Galimov*, Izotopy ugleroda v neftegazovoj geologii, Moskva: Nedra 1973

[23] *M. J. S. Dewar, G. P. Ford, M. L. McKee, H. S. Rzepa, W. Thiel, Y. Yamaguchi*, J. Mol. Struct. **43** (1978) 135

[24] *M. J. S. Dewar, M. L. McKee, H. S. Rzepa*, J. Am. Chem. Soc. **100** (1978) 3607

[25] *L. E. Sutton* (ed.), Tables of Interatomic Distances and Configuration in Molecules and Ions. London: The Chemical Society 1958

[26] *G. Herzberg*, Infrared and Raman Spectra of Polyatomic Molecules, Princeton: Van Nostrand 1956

[27] *D. W. J. Cruickshank*, J. Chem. Soc. **1961**, 5486

[28] *D. W. J. Cruickshank, H. Linton, G. A. Barday*, Acta Crystallogr. **15** (1962) 491

[29] *I. S. Ignatev, A. N. Lazarev*, Neorg. mater. 8 (1972) 280

[30] *T. Shimanouchi*, Tables of Molecular Vibrational Frequencies, Vol. I, Natl. Bur. Stand. (U.S.), Washington 1972

[31] *H. Siebert*, Z. anorg. allg. Chem. **275** (1954) 225

[32] *D'Ans-Lax*, Taschenbuch für Chemiker und Physiker, Bd. 1, Berlin – Heidelberg – New York: Springer Verl. 1967

[33] *G. Christoph*, ZfI-Mitt. 30 (1980) 2b, 181; Isotopenpraxis, im Druck

Оптимальная температура и оптимальный относительный отбор в процессах разделения изотопов

С. Г. Катальников, А. В. Хорошилов, А. С. Соболев, А. П. Тимашев

(Химико-технологический институт им. Д. И. Менделеева, Москва)[1])

Применительно к разделению веществ с близкими свойствами получены уравнения, позволяющие рассчитать оптимальную температуру проведения процесса разделения ($T_{опт}$) и оптимальное значение относительного отбора — $\theta_{опт}$, исходя из условия максимальной удельной производительности или минимума объема установки. Показано, что $T_{опт}$ является функцией свойств разделительной системы, а $\theta_{опт}$ — функцией начальной концентрации выделяемого компонента. Рассчетные значения $\theta_{опт}$ сведены в таблицу.

Keywords

isotope separation; optimization; separation factors; separation plants; separation processes; theory

При проектировании разделительных установок неизбежно возникает задача определения оптимальных условий проведения процесса разделения и размеров аппаратов. Экономичность процесса разделения определяется прежде всего правильным выбором рабочей температуры и величины относительного отбора, определяемого как отношение реальной производительности P к её предельному значению P_∞. Выбор этих параметров затруднен из-за отсутствия общих рекомендаций, что приводит к необходимости в каждом конкретном случае проводить рассчет большого числа вариантов технологических схем с целью выбора оптимальных значений T и θ. Настоящая работа посвящена поиску доступных способов определения оптимальных значений температуры $T_{опт}$ и относительного отбора $\theta_{опт}$ для широкого круга физико-химических методов разделения смесей, характеризующихся малой величиной коэффициента разделения ($\alpha \leqq 1{,}1$). В качестве критерия оптимальности выбрана величина максимальной удельной производительности P', что соответствует минимальному объему разделительной установки для производства продукта в количестве P с концентранцией y_p.

Для решения поставленной задачи найдем зависимость удельной производительности от температуры и относительного отбора. По определению $P' = P/V = P/H \cdot S$ где V, H, S – объем, высота и площадь сечения колонны разделения, соответственно. Высота H есть произведение необходимого числа теоретических ступеней разделения N на высоту, эквивалентную теоретической ступени разделения h, а площадь сечения колонны определяется соотношением $S = L/L^*\varphi$, где L — величина требуемого потока; φ — величина относительной нагрузки; L^* — удельная пропуская способность контактного устройства. Число теоретических ступеней разделения может быть определено интегрированием уравнения обогащения (1) [1, 2],

$$\mathrm{d}y/\mathrm{d}n = \varepsilon y(1 - y) - (y_p - y)\, P/L \tag{1}$$

где $\varepsilon = \alpha - 1$ — коэффициент обогащения; y — текущая концентрация, в пределах от начальной y_0 до конечной концентрации y_0 интересующего нас компонента (2)

$$N = \int_0^N \mathrm{d}n = \int_{y_0}^{y_p} [\varepsilon y(1 - y) - (y_p - y)\, P/L]^{-1}\, \mathrm{d}y \tag{2}$$

В результате получим следующее соотношение:

$$N = [(\varepsilon + P/L)^2 - 4\varepsilon y_p P/L)^{-1/2} \times \ln \left\{ \frac{\{\varepsilon(1 - 2y_0) + P/L - [(\varepsilon + P/L)^2 - 4\varepsilon y_p P/L]^{1/2}\}}{\{\varepsilon(1 - 2y_p) + P/L - [(\varepsilon + P/L)^2 - 4\varepsilon y_p P/L]^{1/2}\}} \times \frac{\{\varepsilon(1 - 2y_p) + P/L + [(\varepsilon + P/2)^2 - 4\varepsilon y_p P/L]^{1/2}\}}{\{\varepsilon(1 - 2y_0) + P/L - [(\varepsilon + P/L)^2 - 4\varepsilon y_p P/L]^{1/2}\}} \right\} \tag{3}$$

Подставив в (3) выражение для величины рабочего потока (4) [2]

$$L = P(y_p - y_0)/\varepsilon\theta y_0(1 - y_0) \tag{4}$$

и введя следующие обозначения:

$$\left.\begin{array}{lll} a = 4y_p; & b = 1 - 2y_p; & c = y_p - y_0; \\ d = y_0(1 - y_0); & e = 1 - 2y_0; & g = b \cdot c; \\ k = c \cdot e; & F(\theta) = [(c + \theta d)^2 - ac\theta d]^{1/2} & \end{array}\right\} \tag{5}$$

получим уравнение (6)

$$N = \frac{c}{\varepsilon F(\theta)} \ln \frac{g + \theta d - F(\theta)}{g + \theta d + F(\theta)} \cdot \frac{k + \theta d + F(\theta)}{k + \theta d - F(\theta)} \tag{6}$$

В соответствии с изложенным ранее, используя уравнения (6) и (4), запишем

$$P' = \frac{L^* \varphi d \varepsilon^2}{h c^2} \theta F(\theta) \ln^{-1} \left[\frac{g + \theta d - F(\theta)}{g + \theta d + F(\theta)} \times \frac{k + \theta d + F(\theta)}{g + \theta d - F(\theta)} \right] \tag{7}$$

Так как выбор значений относительной нагрузки φ, как правило, не вызывает затруднений (обычно принимают $\varphi = 0{,}7 - 0{,}8$), а зависимостью удельной пропуской способности L^* от температуры зачастую можно пренебречь, то функцией T в уравнении (7) являются только коэффициент обогащения ε и высота, эквивалентная теоретической ступени разделения h.

Обычно коэффициент обогащения (разделения) уменьшается с ростом температуры. Для химобменных систем в области умеренных температур, представляющих наибольший практический интерес, коэффициент

[1]) Адрес: 125047 Москва, Миусская пл. д. 9

разделения экспоненциально зависит от температуры [2]: $\alpha = B' \exp A/T$, где A, B' — константы. Отсюда следует обратная зависимость коэффициента обогащения от температуры (8)

$$\ln \alpha = \varepsilon = A/T + B\,, \quad \text{где} \quad B = \ln B' \tag{8}$$

При ректификации зависимость $\varepsilon = \varepsilon(T)$ для большинства систем также может быть представлена уравнением (8) [2].

Относительно функции $h = h(T)$ можно отметить, что большинство экспериментальных данных удовлетворительно описываются экспоненциальной зависимостью (9)

$$h = h_0 \exp E/T\,, \quad \text{где} \quad h_0 \text{ и } E \text{ — константы}\,. \tag{9}$$

Подставив уравнения (8), (9) в выражение (7), придем к искомой зависимости удельной производительности от температуры и относительного отбора (10):

$$P' = \frac{L^*\varphi d(A/T + B)^2}{c^2 h_0 \exp E/T}\,\theta F(\theta) \ln^{-1}\left[\frac{g + \theta d - F(\theta)}{g + \theta d + F(\theta)} \times \frac{k + \theta d + F(\theta)}{k + \theta d - F(\theta)}\right] \tag{10}$$

Необходимые условия экстремума найденной функции $P' = P'(T, \theta)$ определяются соотношениями (11)

$$(\partial P'/\partial T)_\theta = 0; \qquad (\partial P'/\partial \theta)_T = 0 \tag{11}$$

Выполняя операции дифференцирования, получим;

$$(\partial P'/\partial T)_\theta = \frac{L^*\varphi d}{c^2 h_0}\,\theta F(\theta) \ln^{-1}\left[\frac{g + \theta d - F(\theta)}{g + \theta d + F(\theta)} \times \frac{k + \theta d + F(\theta)}{k + \theta d - F(\theta)}\right] \cdot \frac{A + BT}{T^4 \exp E/T} \times [AE - (2A - BE)\,T] \tag{12}$$

$$\begin{aligned}(\partial P'/\partial \theta)_T = {} & \frac{L^*\varphi d(A + BT)^2}{c^2 h_0 T^2 \exp E/T}\,F^{-1}(\theta) \\ & \times \ln^{-2}\left[\frac{g + \theta d - F(\theta)}{g + \theta d + F(\theta)} \cdot \frac{k + \theta d + F(\theta)}{k + \theta d - F(\theta)}\right] \\ & \times [(c + \theta d)(c + 2\theta d) - acd] \\ & \times \ln\left[\frac{g + \theta d - F(\theta)}{g + \theta d + F(\theta)} \cdot \frac{k + \theta d + F(\theta)}{k + \theta d - F(0)}\right] \\ & + 2\theta d(c + \theta d) \cdot [g + \theta d + F(\theta)]^2 \\ & \times [k + \theta d - F(\theta)]^2\, F(\theta)\end{aligned} \tag{13}$$

Решение уравненний (12) и (13) в соответствии с условиями (11) дает конечные результаты в виде соотношений (14) и (15), позволяющих определить оптимальные значения температуры и относительного отбора:

$$T_{\text{опт}} = AE/(2A - BE) \tag{14}$$

$$\ln\left[\frac{g + \theta d - F(\theta)}{g + \theta d + F(\theta)} \cdot \frac{k + \theta d + F(\theta)}{k + \theta d - F(\theta)}\right] = \frac{2\theta d(c + \theta d)\,[g + \theta d + F(\theta)]^2\,[k + \theta d - F(\theta)]^2\,F(\theta)}{acd - (c + \theta d)(c + 2\theta d)} \tag{15}$$

где $\theta = \theta_{\text{опт}}$.

Заметим, что уравнение (12) имеет еще одно решение: $T = -A/B$. Однако, последнее лишено практического смысла, так как в этом случае $\varepsilon = 0$, а $N = \infty$. Кроме того, $T \neq 0$; $\neq \infty$, а $\theta \neq -1/d \pm [(1/d^2 - c(c - ad)]^{1/2}$.

Выполнение наряду с необходимыми достаточных условий существования максимума функции $P' = P'(T, \theta)$ и, соответственно, минимума $V = V(T, \theta)$ следует как из физического смысла данных зависимостей, так и из примера машинного поиска минимального объема колонны разделения (см. рис. 1). Этот пример расчета приведен для одной из выбранных нами рабочих систем в интервале изменения относительного отбора $0 < \theta < 1$ и в температурной области, определяемой наименьшей температурой существования данной системы и температурой ацеотропной точки ($T = -A/B$).

Так как уравнение (14) получено без учета зависимости $L^* = L^*(T)$, то оно является достаточно справедливым для химобменных процессов разделения изотопов, где эта зависимость выражена слабо.

В процессах ректификации, когда удельная пропускная способность резко зависит от температуры (давления), необходимо учесть зависимость $L^* = L^*(T)$ при определении оптимальной температуры и, соответственно, оптимального давления проведения процесса разделения.

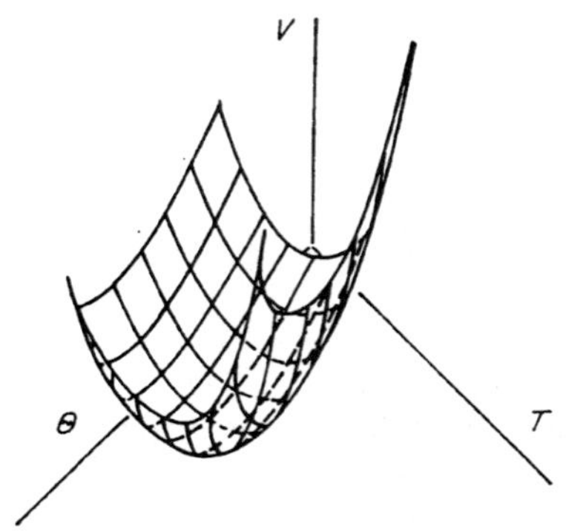

Рис. 1. Объем колонны разделения как функция температуры T и относительного отбора θ

В соответствии с уравнением (10) $P' \sim L^*(T)\,(A/T + B)^2$: $\exp E/T$, Выполняя операции дифференцирования и приравнивая производную $(\partial P'/\partial T)_\theta$ к нулю, получим:

$$\frac{\partial L^*(T)}{\partial T}\,(A/T + B)\,T^2 - L^*(T) \times [2A - E(A/T + B)] = 0$$

или

$$\frac{\partial L^*(T)}{\partial T}\,\frac{1}{L^*(T)} = [(2A - BE)\,T - AE]/(A + BT)\,T^2 \tag{16}$$

Решение (16) относительно T позволит получить искомую оптимальную температуру проведения процесса.

Легко показать, что в случае экспоненциальной зависимости удельной пропускной способности от температуры $L \sim \exp C/T$ соотношение (16) переходит в уравнение, аналогичное найденному ранее уравненнию (14) для случая $L^* \neq L^*(T)$:

$$\frac{\partial L^*(T)}{\partial T}\,\frac{1}{L^*(T)} = -C/T^2 = [(2A - BE) \times T - AE]/(A + BT)\,T^2$$

откуда

$$T_{\text{опт}} = A(E - C)/[2A - B(E - C)] \tag{17}$$

Для иллюстрации предложенного метода приведем пример расчета оптимальной температуры (давления) процесса разделения изотопов кислорода $^{16}O—^{18}O$ ректификацией жидкого O_1.

Зависимость коэффициента разделения в системе $^{16}O_2—^{16}O^{18}O$ от температуры удовлетворительно описывается уравнением (18)

$$\lg \alpha = 0{,}6/T - 0{,}0048 \qquad [3] \tag{18}$$

или

$$\varepsilon = 1{,}38/T - 0{,}01105$$

По введенной нами системе обозначений: A = 1,38; B = —0,01105.

Обработка по методу наименьших квадратов данных работы [3] по зависимости высоты единицы переноса от нагрузки и температуры привела к соотношению (19)

$$h \sim L^{0,07} \exp 118{,}4/T \tag{19}$$

Учитывая, что пропуская способность пропорциональна давлению в степени 0,5 ($L^* \sim p^{0,5}$) [4], и используя полученное обработкой данных по зависимости температуры кипения кислорода от давления [5] уравнение (20)

$$p = 108{,}9 \cdot 10^5 \exp - 862{,}9/T \tag{20}$$

получим

$$L^* \sim \exp - 431{,}45/T\,, \quad \text{то есть} \quad C = -431{,}45 \tag{21}$$

Из соотношений (19) и (20) определим величину коэффициента E:

$$h \sim [(108{,}9 \cdot 10^5)^{1/2} \exp - 862{,}9/2T]^{0,07} \exp 118{,}4/T$$

или (22)

$$h \sim \exp 88{,}19/T\,. \quad \text{Таким образом,} \quad E = 88{,}19$$

Подставив численное значение коэффициентов A, B, C, E в уравнение (17), найдем оптимальную температуру процесса ректификации $T_{\text{опт}} = 84{,}4$ К и, соответственно, определенное с помощью уравнения (20) оптимальное давление, которое составит $P_{\text{опт}} = 395$ *мм* рт. ст.

Заметим, что найденное исходя из условия максимальной удельной производительност иоптимальное давление при разделении изотопов кислорода отличается, как и следовало ожидать, от указанного в [3] оптимального давления 150 *мм* рт. ст., определенного экспериментально по максимуму степени разделения в безотборном режиме.

Как видно из (14), (15), (17), оптимальная температура проведения процесса разделения определяется свойствами разделительной системы и выбранного контактного устройства, а $\theta_{\text{опт}}$ является функцией начальной и конечной концентраций выделяемого компонента. Следует отметить, что полученное выражение для расчета $\theta_{\text{опт}}$ не только требует итерационных методов решения, но и довольно громоздко для практических вычислений. В ряде же случаев может быть оправданным использование более простой формы уравнения (15), получаемой введением некоторых допущений. Так, при получении высококонцентрированного продукта ($y_p \approx 1$) и малой начальной концентрации ($y_0 \ll 1$) значительно упрощается выражение (3) для расчета числа теоретических ступеней разделения

$$N = \frac{1}{\varepsilon - P/L} \ln \frac{1 - y_0}{1 - y_p} \cdot \frac{\varepsilon y_p - P/L}{\varepsilon y_0 - P/L} \tag{23}$$

подстановка в которое уравнения (4) даст сотношение (24):

$$N = \frac{1}{\varepsilon(1 - \theta y_0)} \ln \frac{1 - y_0}{(1 - y_p)\, y_0} \cdot \frac{1 - \theta y_0}{1 - \theta} \tag{24}$$

Учитывая, что y_p близко к единице, введем в (24) величину степени разделения $K = y_p(1 - y_0)/y_0(1 - y_p)$. При этом уравнение (24) примет вид:

$$N = \frac{1}{\varepsilon(1 - y_0\theta)} \ln \frac{K(1 - y_0\theta)}{1 - \theta} \tag{25}$$

а зависимость удельной производительности от температуры и относительного отбора, аналогично (10), запишется как (26)

$$P' = \frac{L^*\varphi(A + BT)^2}{h_0 T^2 \exp E/T}\, y_0\theta(1 - y_0\theta) \ln^{-1} \frac{K(1 - y_0\theta)}{1 - \theta} \tag{26}$$

Поиск максимума полученной функции $P' = P'(T, \theta)$ приводит к соотношению (14) и к более простому по сравнению с (15) уравнению для определения оптимального относительного отбора:

$$\ln [K(1 - y_0\theta_{\text{опт}})/(1 - \theta_{\text{опт}})] = \theta_{\text{опт}}(1 - y_0)/(1 - \theta_{\text{опт}})(1 - 2y_0\theta_{\text{опт}}) \tag{27}$$

Отметим, что из условия внутреннего экстремума $\theta \neq 0$, $\neq 1$..

Как видно из (27) $\theta_{\text{опт}}$ является функцией начальной концентрации y_0 и степени разделения К. В связи с этим, а также с целью сопоставления значений оптимального относительного отбора, расчитанных по полному (15) и приближенному (27) уравнениям, $\theta_{\text{опт}}$ определяли для ряда начальных концентраций, задаваясь величиной степени разделения К. Полученные по уравнению (15) результаты машинного рассчета приведены в таблице. Проведенный нами анализ значений $\theta_{\text{опт}}$ позволяет рекомендовать для определения последних уравнение (27), если степень разделения $K = 10$, а начальная концентрация $y_0 \leqq 0{,}5$, то есть во многих случаях проектирования разделительных установок. Погрешность в определении $\theta_{\text{опт}}$ за счет принятых допущений даже для крайнего случая $K = 10$, $y_0 = 0{,}5$ не превышает 7—8% (см. рис. 2).

На рис. 2 даны для сопоставления некоторые решения как полного (15), так и приближенного (27) (пунктир) уравнений. Кроме того, приведена зависимость опти-

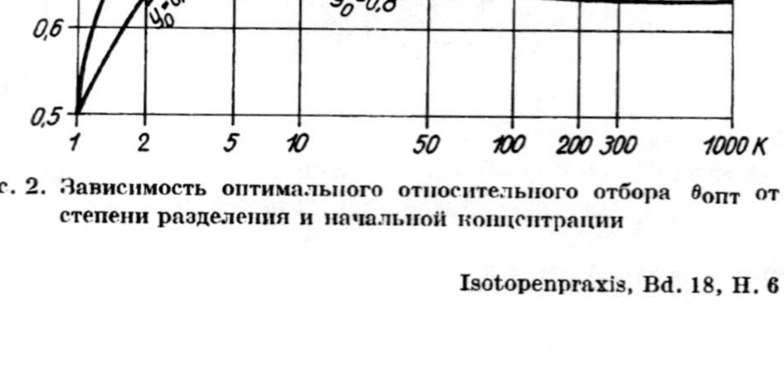

Рис. 2. Зависимость оптимального относительного отбора $\theta_{\text{опт}}$ от степени разделения и начальной концентрации

мального относительного отбора от степени разделения, полученная *А. М. Розеном* [2] исходя из условия максимума к.п.д. колонны разделения и допущений $y_p \approx 1$, $y_0 \ll 0{,}1$. Аналогичные допущения, принятые нами при выводе уравнения (27), привели к практически

Табл. 1. Зависимость оптимального относительного отбора $\theta_{опт}$ от начальной концентрации и степени разделения

y_0	K					
	2	5	10	100	1000	10000
0,001	0,74	0,79	0,87	0,87	0,90	0,93
0,01	0,74	0,78	0,80	0,87	0,90	0,92
0,1	0,72	0,76	0,79	0,86	0,89	0,90
0,2	0,72	0,75	0,77	0,84	0,88	0,90
0,3	0,71	0,74	0,76	0,82	0,86	0,88
0,4	0,70	0,72	0,74	0,79	0,84	0,85
0,5	0,69	0,71	0,72	0,74	0,77	0,80
0,6	0,69	0,70	0,69	0,72	0,74	0,75
0,7	0,68	0,69	0,67	0,69	0,69	0,70
0,8	0,70	0,68	0,67	0,65	0,64	0,64
0,9	0,69	0,66	0,65	0,61	0,59	0,58
0,99	0,65	0,65	0,63	0,58	0,55	0,54

полному совпадению значений $\theta_{опт}$, рассчитанных по этому уравнению с данными [2] при условии $y_0 \leqq 0{,}1$. Найденные по уравнению (15) величны $\theta_{опт}$ отличны от зависимости *А. М. Розена* при $y_0 > 0{,}1$ и $K > 10$. С увеличением начальной концентрации интересующего нас компонента это расхождение, как и следовало ожидать, резко возрастает.

Полученные в настоящей работе соотношения (14), (15), (27) можно положить в основу метода оптимального проектирования разделительных установок, производящих продукт в количестве P с концентрацей целевого компонента y_p. Определив оптимальные значения температуры и относительного отбора, можно перейти к рассчету оптимальных величин рабочего потока L, диаметра D, высоты H и минимального объема $V_{мин}$ колонны разделения:

$$L_{опт} = PE(y_p - y_0)/2Ay_0(1 - y_0)\,\theta_{опт} \tag{28}$$

$$D_{опт} = 2[PE(y_p - y_0)/2A\pi y_0(1 - y_0)\,L^*\varphi]^{1/2} \tag{29}$$

$$H_{опт} = \frac{ch_0E\exp(2 - BE/A)}{2AF(\theta)_{опт}} \ln\left[\frac{g + \theta_{опт}d - F(\theta_{опт})}{g + \theta_{опт}d + F(\theta_{опт})} \times \frac{k + \theta_{опт}d + F(\theta_{опт})}{k + \theta_{опт}d - F(\theta_{опт})}\right] \tag{30}$$

$$V_{мин} = \frac{Pc^2h_0E^2\exp(2 - BE/A)}{4A^2\theta_{опт}F(\theta_{опт})L^*\varrho} \ln\left[\frac{g + \theta_{опт}d - F(\theta_{опт})}{g + \theta_{опт}d + F(\theta_{опт})} \times \frac{k + \theta_{опт}d + F(\theta_{опт})}{k + \theta_{опт}d - F(\theta_{опт})}\right] \tag{31}$$

Поступила в редакцию 14/IV, 1981 г.

Литература

[1] *K. Cohen*, The Theory of Isotope Separation as applied to large-scale Produktion of [235]U. N. Y., Mc Graw-Hill Book Co. 1951

[2] *А. М. Розен*, Теория разделения изотопов в колоннах М., Атомиздат 1960

[3] *А. Е. Коваленко, Я. Д. Зельвенский*, ,,Isotopenpraxis", 1969, 5, I, с. 20–26

[4] *Я. Д. Зельвенский, А. А. Титов, В. А. Шалыгин*, Ректификация разбавленных растворов. Л., ,,Химия" 1974

[5] *М. П. Малков, И. Б. Данилов, А. Г. Зельдович, А. Б. Фрадков*, Справочник по физико-техническим основам глубокого охлаждения. Госэнергоиздат, М,-Л. 1963

Kinetics and Distribution of Radioiodinated Thyroxine ^{131}I in Wistar Albino Rats after Oral Ayministration of the Labelled Hormone

M. F. Abdel Wahab, F. X. Sutomo**, Sukiyati Djajusman**, Nurlaila Bambang**, Wachdiat Natawiria***

(Radioisotope Department AEE., Cairo, and Nuclear Technology Centre, Bandung)

Thyroxine ^{99m}Tc was prepared by direct interaction between T_4 and pertechnetate using periodate oxidation method. The separation was done on Sephadex G25. Thyroxine ^{131}I was also prepared by direct interaction between oxidized iodine ^{131}I and recrystallined thyroxine. The oxidation was carried out by use of H_2O_2 method. The kinetics of the reaction was studied versus time intervals: 4, 8 12, 24, 48 and 72 h. The yield dependence was represented in Tab. 1. L-Thyroxine sodium salt Buchs SG (Switzerland) was used all-over the tests. The purified hormone was used for distribution studies. The different concerned organs were dissected and subjected to radioactivityassay. The representation is shown in figures, histograms and tables, denoting different behaviours of differed organs toward thyroxine uptake. confirmation on purity was achieved using paper chromatography.

Keywords

distribution; iodine 131; labelled compounds; organs; rats; technetium 99*m*; thyroxine

Introduction

In a previous communication we have explained different methods of oxidizing radioiodine to enter in the thyroxine molecule producing Th$-^{131}$I and Th$-^{99m}$Tc. The separation after H_2O_2 method by alkaline/ether extract is presented [1]. The column separation method for labelled hormone was also described [2]. Using either radioiodine or radiopertechnetate [3]. Incorporation of ^{131}I and ^{99m}Tc in 3.5.3.-triiodothyronine is also demonstrated [4]. The incubation time of iodine with T_4 was taken as 48 h using ^{131}I to give a reasonable yield. However the dependence of yield on reaction time was not yet represented. On the other hand the distribution analysis of radiothyroxine in different organ was not yet studied.

Although it is known that thyroxine (T_4) and thyronine (T_3) enter into the peripheral tissue from the protein bound serum pool, several fundamentals remain unsolved [5, 6]. T_4 and T_3 cross the gastrointestinal tract membranes, are absorbed from injection sites participate in a special circulation called enterohepatie (from liver to intestine via bile back into the liver). It is not clear if the free T_4 or T_3 penetrates membranes directly or whither a binding protein component enters the tissues carrying the hormone.

The present work aims at the choice of best condition of time incubation to get better analytical yield of labelled radiothyroxine. It is also aiming to study the distribution of orally administered thyroxine in fourteen organs. The dynamics of the distribution is also demonstrated.

Experimental

1. *Labelled Thyroxine*

It was prepared by two different techniques namely the H_2O_2 method [1] and the periodate oxidation method followed by Sephadex-G-25-separation [2].

In the 1st case L-thyroxine-sodium salt 1 mg was dissolved in 5 NNH_4OH. To this solution 1 mCiK^{131}I and 1 ml KI (0.4 mg) as carrier is added and 0.1 ml 1 NHCl. A mixture of 2 ml ether and 0.4 ml diluted H_2O_2 (30% H_2O_2 diluted 1 :50 before mixing) is added to the hormone/KI solution. The solution should be brown in colour, if not another drop of 1 NHCl and diluted H_2O_2 is added. This solution is left to stand at room temperature for 4 h with occasional shaking after which the aqueous layer is discarded and etherical layer is taken to make the yield experiment.

2. *Method of determination of yield*

1 ml KI (0.40%) solution is added to 1 ml Na^{131}I (5$-$10 mCi), 4 ml ether and 0.4 ml of H_2O_2 (0.6%) are mixed. This iodinating mixture is left to stand 4 hours with occasional shaking, after which aqueous layer is discarded and the activity of the etherial layer is measured. Add some more ether to this iodinating mixture until the volume is 3 ml/ 10 mg of L-thyroxine was dissolved in 10 ml of 5 NNH_4OH.

Take six 10 ml vial and add 1 ml L-thyroxine to each.

To each of these vial, 0.5 ml of the iodinating mixture is added and the activity of each vial is measured.

The reaction mixture in these six vials is left for: 4, 8, 12, 48 and 72 h. The separation of L-thyroxine ^{131}I is done by discarding the etherial layer and the aqueous layer is extracted again by 1$-$1.5 ml ether for 5 successive times.

Tab. 1. The effect of incubation time on the yield percentage

Time of incubation, h	Yield %	S.D ±
4	74.78	3.78
8	81.00	0.00
12	83.00	1.35
24	85.70	0.00
48	93.60	2.70
72	77.62	0.00

*) Permanent Address: Middle Eastern Regional Radioisotope Centre for Arab Countries, Dokki, Cairo, Egypt

**) From the Centre of Research and Nuclear Technology (PPTN)-BATAN, Bandung, Indonesia

The yield is then obtained by dividing the final activity by the activity of ^{131}I. The figures obtained are represented in table 1.

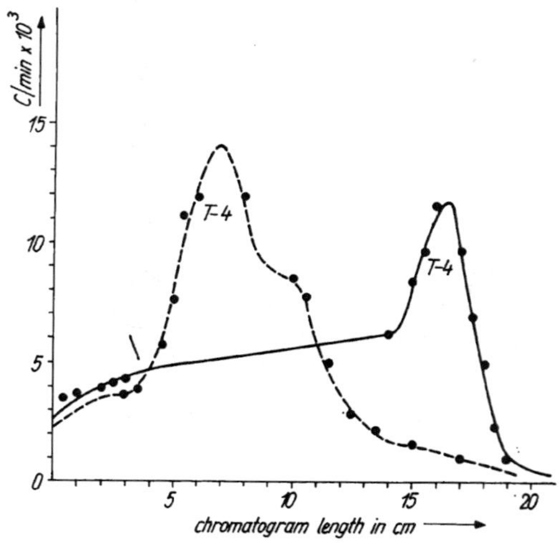

Fig. 1. A representative scan of the radiochromatogram of labelled thyroxine showing labelled T-4 peaks in two different systems
----- alkaline system; —— acid system

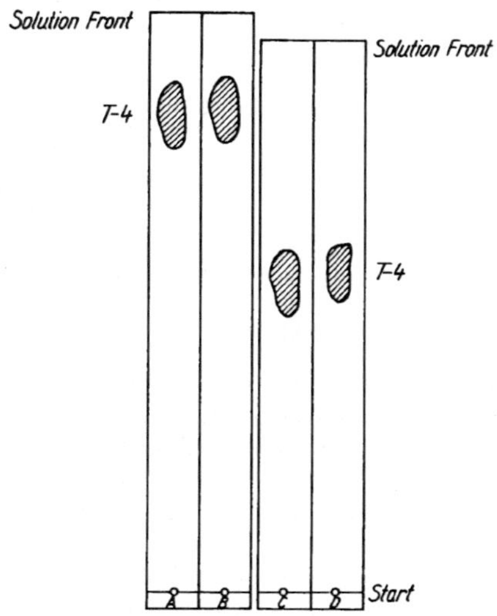

Fig. 2. The chromatograms of T-4 before and after labelling as shown by ninhydrin colour reaction for check of purity
A – Cold T-4 as starting material in acid system; B – Labelled T-4 as end product in acid system; C – Cold T-4 as starting material in alkaline system; D – Labelled T-4 as end product in alkaline system

Tab. 2. Average R_F values obtained by different technique: colour reaction, radioscanning and autoradiography . . .

R_F value	Colour reaction		Radioscanning		Autoradiography	
	acid	alk.	acid	alk.	acid	alk.
Inorganic Na^{131}I	—	—	0.34	0.42	0.33	0.40
Labelled T-4	0.89	0.60	0.92	0.64	0.89	0.60
Cold *l*-thyroxine starting material	0.87	0.57	—	—	—	—

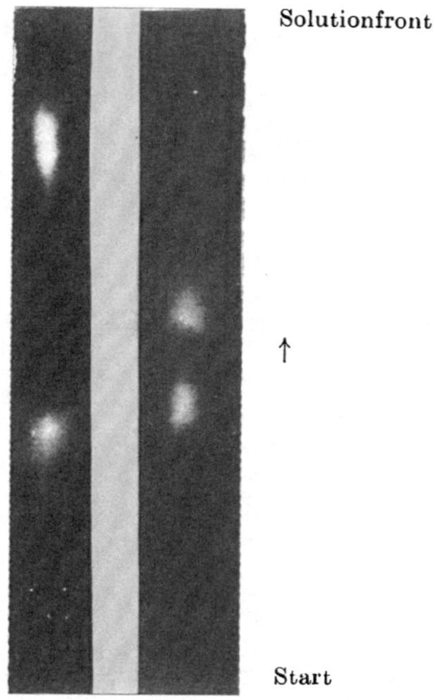

Fig. 3. A representative autoradiogram for prepared labelled T-4 (a) in acid and b) in alkaline system) the same above chromatograms in Fig. 1 and 2 after X-Ray

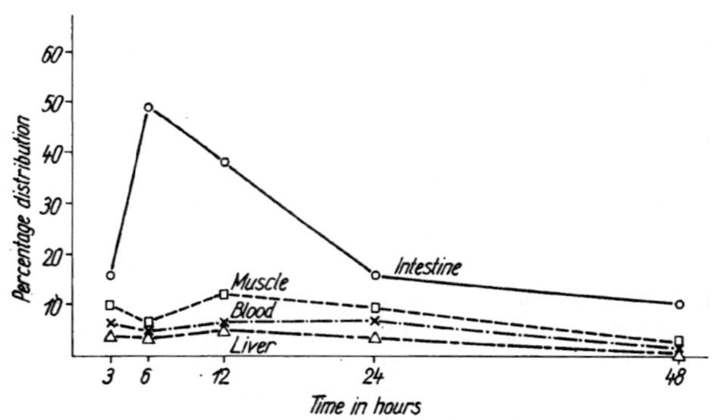

Fig. 4. Curves representing percentage distribution at different time intervals of intestine, muscles, blood and liver of rat

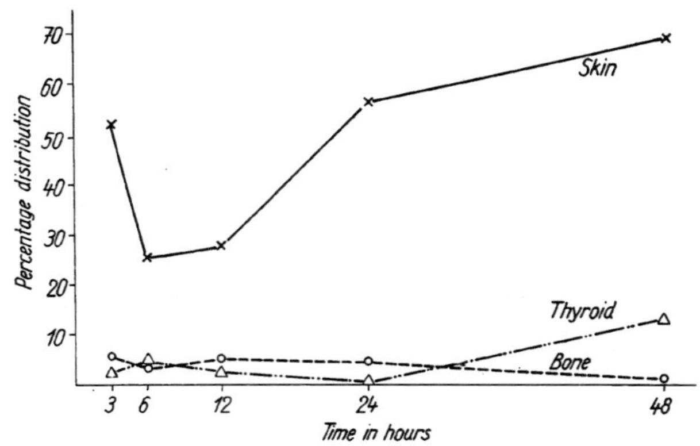

Fig. 5. Curves representing percentage distribution of different time intervals of skin, thyroid gland and bones of rat

This experiment was repeated under the same condition; but changing time of incubation to be 8, 12, 48 and 72 h. At the end of each intervals, the sample was taken to estimate the yield. Tab. 1 shows the effect of time on yield.

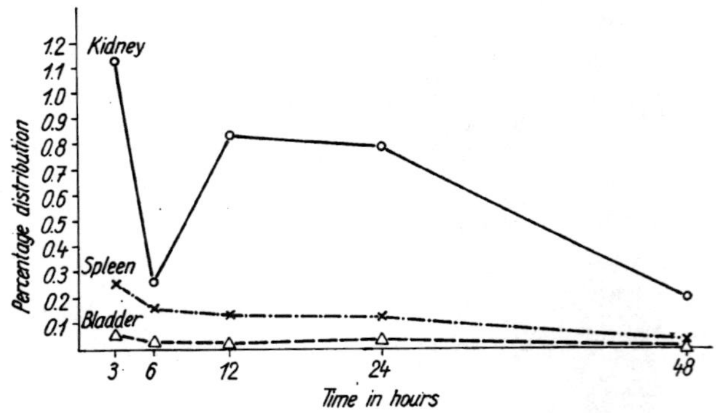

Fig. 6. Curves representing percentage distribution at different time intervals of minor organs: kidney, spleen and bladder

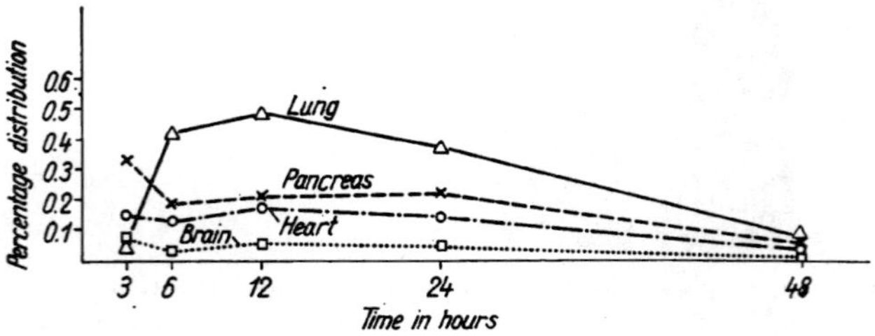

Fig. 7. Curves of percentage distribution in lung, pancreas, heart and brain

The radiothyroxine preparation was isolated and given orally to Wistar Albino Rats in doses of 50—100 μCi. The animals was left in metabolic cage for 3, 6, 12, 24, and 48 h; before being dissected. At each interval, the rat was anaesthezed with ether and then dissected. The 14 following organs or tissues were removed and weighed either total tissue organs or representatives sample: skin, intestine, muscle, blood, bone, liver, thyroid, kidney, spleen, pancreas, heart, lung, brain and bladder.

The radioactivity was measured by automatic gamma scintillation detector to determine percentage uptake for each organ. The results are represented in tab. 3, Fig. 4—7 and histograms 8 and 9.

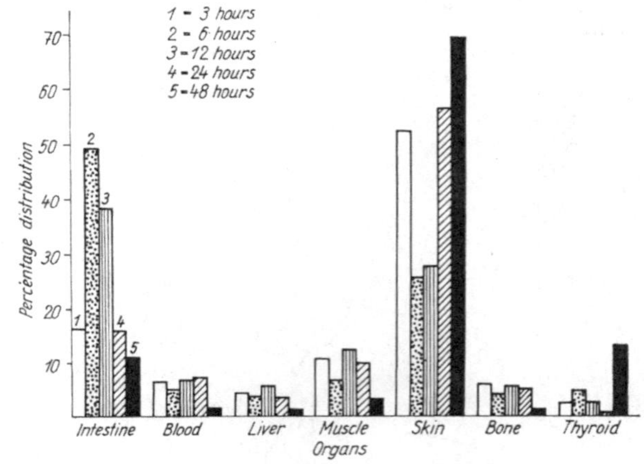

Fig. 8. Histogram of major organs uptake at different time ingestion

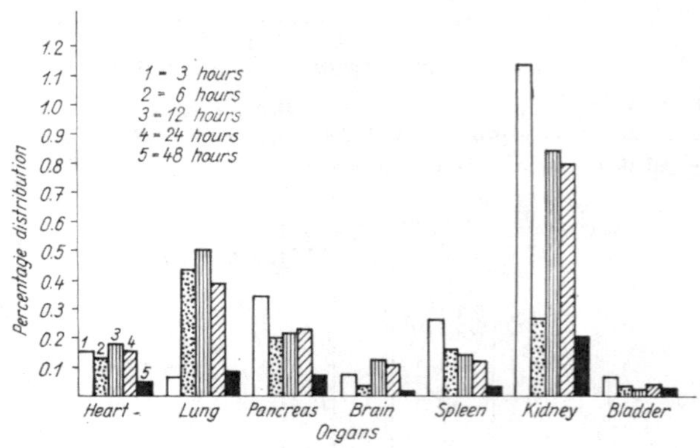

Fig. 9. Histogram of minor organs uptake at different time ingestion

3. *Purity Test of Thyroxine-^{131}I*

Every thyroxine preparation was checked for its purity by paper chromatographic analysis; after yield determination was carried out see tab. 1, tab. 2 shows R^{vasues}. Few micrograms of the prepared T-4 confined in 10—12 µl lambda pipet was spotted on strip of Whatman No. 1

Tab. 3. The Percentage Distribution of ^{131}I-Thyroxine after Oral Administration to Wistar Albino Rats

time, h	organs						
	skin	intestine	muscle	blood	bone	liver	thyroid
3	52.279	15.986	10.443	6.614	5.854	4.007	2.752
6	25.465	49.342	6.564	4.938	3.942	3.873	4.633
12	27.470	38.302	12.351	6.728	5.389	5.318	2.485
24	56.452	15.844	9.851	6.939	4.900	3.764	0.487
48	69.233	10.605	2.757	1.388	1.158	1.201	13.196

b. minor organs

time, h	organs						
	kidney	spleen	pancreas	heart	lung	brain	bladder
3	1.129	0.255	0.335	0.150	0.060	0.069	0.060
6	0.258	0.151	0.197	0.133	0.430	0.037	0.030
12	0.835	0.134	0.214	0.176	0.496	0.069	0.027
24	0.788	0.122	0.223	0.149	0.382	0.056	0.034
48	0.200	0.028	0.068	0.047	0.079	0.009	0.024

filter paper. Using also the starting material cold L-thyroxine sodium salt at the same time, Co-chromatography. The chromatograms were developed in two different ascending systems:

a) *alkaline system*: n butanol/ethanol/2N ammonium hydroxide — 5/1/2.

b) *acid system*: n butanol/acetic acid/water — 12/3/5.

The developing time was 6 hours on average. At the end of such time, the strips were removed, left to dray in air and the dried chromatograms were sprayed with 0.1% solution of ninhydrin in n-butanol. Drying at 100 °C in drying oven continued for 15 minutes and purplish to violet spots appeared denoting T-4 spots. This colour is unstable and it should be stabilized to permanent rosey colour by immersing the paper strips in $Cu(NO_3)_2$ solution freshly prepared from 1 ml saturated solution of aqueous copper nitrate diluted to 50 ml with 50% ethanol. Photoprints of this chromatograms are represented in Fig. 2.

The same chromatogram was then subjected to radioscanning with mobile G.M. tube attached to a scaler and the radioactive spots are shown as peaks see Fig. 1.

As a third confirmatory analytical test for the purity of labelled T-4, autoradiography is used. The dry developed scanned chromatograms are allowed to be placed in a light-tight casetts in contact with an X-ray film, (blue-box safety medical X-ray films). The opposition of the film continued for 2 hours. At the end of such time, the X-ray film was removed and developed. Representative photoprints are selected from both alkaline and acid systems. See Fig. 2 and 3.

Tab. 3 demonstrates the R_f-values due to the three different techniques; namely colour reaction, radioscanning and autoradiography. The same technique is followed if ^{131}I is replaced by $^{99m}TO_4$; but separation of T-4 labelled with pertechnetate is done on Sephadex-G25 gel separation Column [3].

Discussion

Our kinetic studies reveals that the yield of T-4 labelled with ^{131}I is increasing with the increase of time of incubation, steadily reaching the maximum yield after 48 h of incubation and declining thereafter.

This findings conforming our previous observation [1]. Thus preferably using 48 hours incubation in the case of H_2O_2 oxidation method. Purification by Cochromatography proved that the starting material is not altered during lebelling and incubation at room temperature. Comparative data are also imperatives using authentic samples.

Distribution experiments shows that some organs can concentrate the labelled hormone at a higher concentration level and there we call major organs: Skin, intestine, muscles, blood, bone, liver and thyroid.

These organs and tissues can concentrate T-4 to an extent of 99% of the ingested dose, tab. 1 demonstrates that skin is the most major organ and thyroid gland is the least, through out the whole experiments concerning time difference other minor organs: kidney, spleen, pancreas, heart, lung, brain, and bladder are only responsible for the rest of 1% of the whole ingested radiothyroxine. These data are quite expected, since the skin is the largest area, the intestine is place of absorption the thyroid gland is the gland of concentrating inorganic iodine and manufacture the thyroid hormone. This giving ready labelled T-4 orally it should be 1// absorbed in intestive carried by blood and trapped by thyroid gland. The observation in minor organs is demonstrated also by some authors in body flinds such as milk, lymph, spinal, joints, pleural, amniotic and ascetic. Yet it is note worthy that T-4 has neither been demonstrated in these compartment or is present in very small amounts. T-4 does not readily pass the blood brain barrier although localization of radioactive T-4 in the hypothalmus has been described [7] compare the amount in blood and that in brain table 3.

Excretion is via bile and urine and this explains the minimum uptake in bladder.

Precise physiologic and clinical significance of metabolic behaviour of T-4 is always under discussion. For this reason the distribution problems should be carried out to open the way for explanation of some phenemona.

The mechanism of thyroid hormone action and the nature of the active hormone whether T-4 or T-3 or some other converted complexes remain unsetelled. In our experiment we notice accumulation of good percentage of the labelled T-4 in the thyroid gland (2.75% – 13.2%) explaining that T-4 is at least the intermediate hormone formed before T-3 if not the active hormone. This explains at least the kinetics of hormone labelling as well as biosynthesis.

Acknowledgement: The senior author wishes to thank the IAEA Vienna, for supporting his stay in BATAN, Indonesia, and the PRAP authority for offering the neccessary help and isotopes to carry out this work. Thanks to AEE, Egypt, for approving my delegation for 3 months as IAEA expert for labelled radipharmaceuticals in Bandung.

Received June 3, 1981

References

[1] *M. F. Abdel Wahab, Y. M. Megahed*, J. Appl. Rad. Isotope **17** (1966) 132
[2] *M. F. Abdel Wahab, S. A. El Kinawi*, Z. Anal. Chem. **219** (1966) 425
[3] *M. F. Abdel Wahab, M. A. El Garhi, Y. M. Megahed, S. A. El Kinawi*, Radiochim Acta **5** (1966) 111
[4] *M. F. Abdel Wahab, Y. M. Megahed*, Radiochim Acta **6** (1966) 52
[5] *I. Robbins, I. E. Rall*, Physiol. Rev. **40** (1960) 415
[6] *K. R. Crispell*, (ed) in Current Concepts in Hypothyroidism. Pergamon Press, London, New York 1963
[7] *I. K. Aikawa*, Myxedema, Charles C. Thomas Springfield III, 1961

A Method for Statistical Evaluation of Autoradiographs

M. Radvan, K. Gibas, E. Skovrońska

(Institute of Working Machines, Isotope Laboratory, Poznań)[1])

The method of statistical evaluation of the autoradiograph of alloys samples has been presented. It has been shown that each structure has a different statistical distribution of one of the components. Base on that it is possible to determine the phase diagram and to identify the kind of the alloy structure and the way of its constitution.

Keywordz

alloys; autoradiography; metallography; phase diagrams; statistics

Autoradiography has been used in metallurgy for many years. Autoradiographic techniques are applied in studies of alloy element distribution, alloys, and contaminations in structural components of many alloys. There are many studies according to which unhomogenity of element distribution in the whole mass of an alloy or in its definite parts has been examined with the use of autoradiographic techniques. However, the basic problem of quantitative autoradiography is still the quantitative measurement of the labelled element contents. Until now, this problem has not been solved satisfactorily, though in the studies of element distribution in the structure of alloy a dozen or so of unhomogenity measures are used; nb. they are the same as in the cases of describing the unhomogenity of materials' chemical structure.

The literature of the subject presents a variety of materials' unhomogenity measures that constitute direct adaptation of statistical values (eg. variance coefficient, standard deviation) based on their statistical functions.

W. Leszek in his work [1] presented some definitions of unhomogenity measures comprising the random distribution of local contents for mixture components, especially for mixtures of granular substances.

The method of describing chemical unhomogenity of alloys on the basis of autoradiograms was elaborated by *M. Radwan* et al. [2].

Other, well known to metallographists, methods for quantitative estimation of alloy structure unhomogenity based on the analysis of metallographical picture are also being used in practice [3].

In all these works, the applied measures for unhomogenity description were based on the statistical character of the searched element distribution in an alloy assuming simultaneously, that the alloy is a compound of atoms, irrespective of the type of interatomic bonds.

The method of radioactive indices was the most frequent one in determining the measures of materials' unhomogenity. In many cases, autoradiography was used as the method of detection while localizing the labelled compound, assuming that the optical density of the autoradiogram was proportional to the concentration of marker.

As *K. Szatzschneider* et al. [4] showed in their work, this assumption is true for beta molecules in the rectilinear range of characteristic curves for the dependance of optical density upon the concentration of marker.

The unhomogenity measure expressed in various mathematical forms was used in the above mentioned works, with the assumption that the standard deviation be expressed by the formula:

$$S = \frac{\sqrt{\Sigma\,(\bar{C} - C_x)^2}}{n - 1}$$

as the degree of unhomogenity

or $\frac{1}{S}$

as the degree of mixing, given in absolute numbers or per cents.

However, using the above formula one can only obtain the quantitative information about unhomogenity, neither allowing for further conclusions concerning the distribution character of the labelled element in the alloy structure, nor giving information about causes of segregation.

A very interesting examination method of empirical forms of statistical distribution for physical values was proposed by *J. Komosiński* [5, 6]. The method elaborated by this author is based on statistical studies of the relationships among various random processes.

With the use of the above method and the theory of statistics presented in many works, among others in an excellent work of *D. Bobrowski* [7], the method of autoradiograms' interpretation was elaborated; its aim was to obtain information about the mechanism of metallographic phase formation as the random process. The examination of this process takes place with the help of statistical distribution and calculation of random variables parameters.

Methods of examination

Assuming that the autoradiogram is the alloy test (in the mathematical sense), one should choose the places of photometry at random in order to determine the concentration of the labelled element. Thus, the surface of autoradiogram is covered by a net composed of two families of parallel lines reciprocally perpendicular in such a way that the fields of the net respond to the size of photometer fissure. Then, the successive fields are given the successive natural numbers eg. from 1 to 500 in the way shown on Fig. 1. Only the numbers of fields drawn in a lottery, according to the table of random figures, are chosen for photometry. If one performs photometry along

[1]) Address: ul. piotrowo 5, 60-695 Poznań, Poland

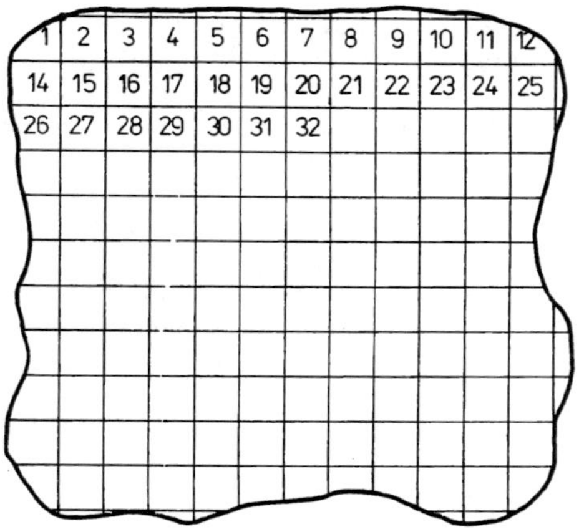

Fig. 1. The example of a net presenting the distribution of the fields which are to be photometring

the definite line, the photometered segment is divided into parts that are also given the successive natural numbers and, of the table of random figures, one reads out the numbers of the drawn parts (Fig. 2). The drawn fields are darkened (Fig. 3).

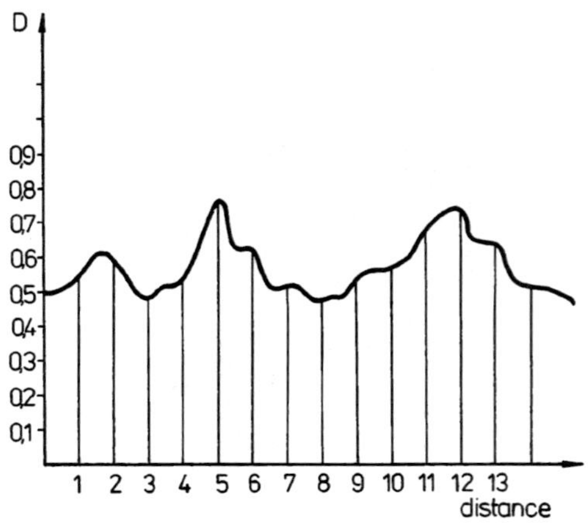

Fig. 2. The way of acquireing data from an autoradiograph which has been photometred along straight line

In these chosen places, the concentration of element is labelled (or simply expressed by optical density). The set of obtained optical values is divided into classes, their number is set, and then a histogram is built. Of the histogram's envelope one obtains the concentration distribution on the surface of metallographic specimen. Then, one should make the comparison of the obtained curve shape and the known statistical distributions, and then check it with the test of goodness of fit, eg. χ^2. The parameters of such distribution constitute, at the same time, the measure of alloy unhomogenity, or more precisely, the measure of the searched element's unhomogenity distribution.

The described method demands such a choice of photometric method so that there would not be any influence of the fissure size on the obtained result. It will depend on the size of structural components in which the labelled element is.

As *F. Myšak* [8] proved, before photometring autoradiograms, one should perform studies of autoradiographic

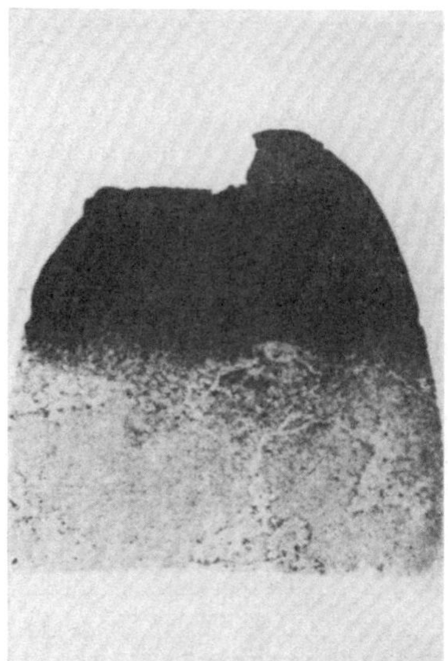

Fig. 4. An autoradiograph of the specimen of Al–Cu alloy demonstrating gravity segregation

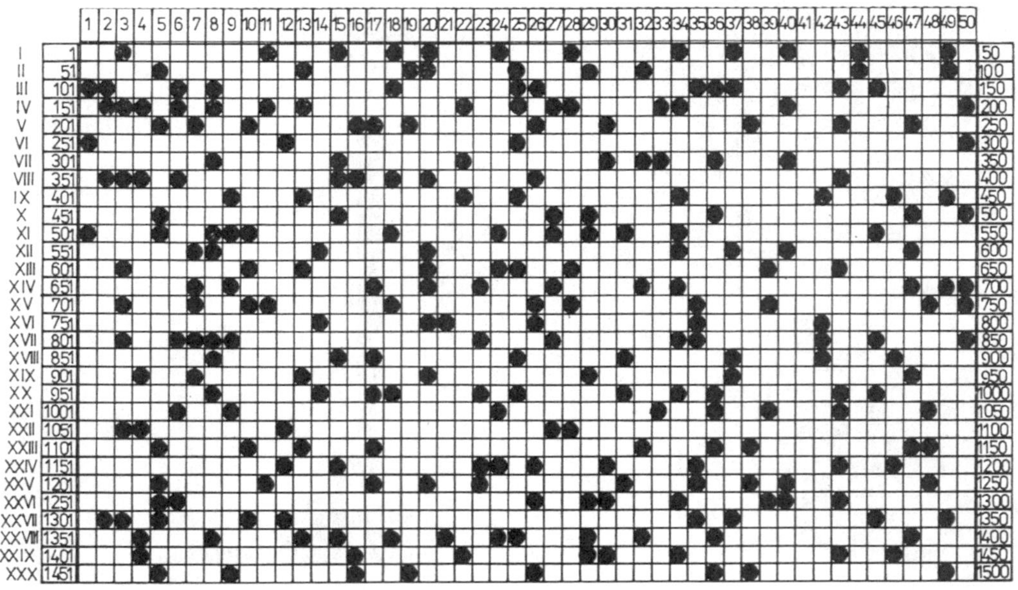

Fig. 3. A net of randomly chosen fields to be photometring (the chosen fields have been darkened) from the autoradiograph of the specimen of Al–Cu alloy

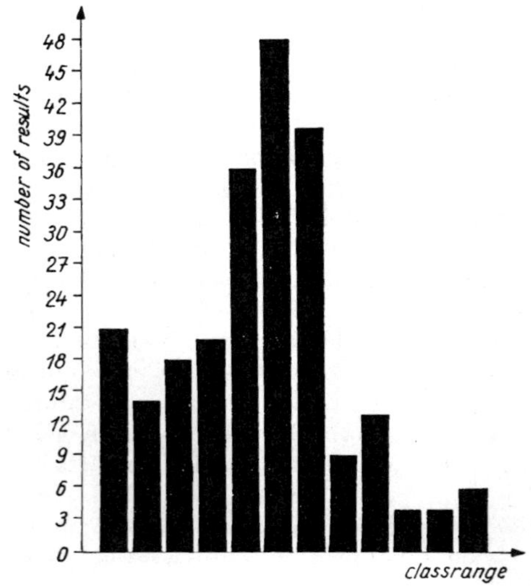

Fig. 5. The histogram of results of photometric analysis of autoradiograph from fig. 4

pictures surface elements sizes' influence in order to settle optimal conditions of obtaining data for quantitative calculations.

The presented method was checked for a few autoradiograms.

On the basis of studies it was stated that depending on the way of the labelled element distribution, distinctly different statistical distributions were obtained.

The example here can be the autoradiogram (Fig. 4) showing gravitation segregation, for which the histogram (Fig. 5) was set of the photometric results according to the net on Fig. 3.

After photometring (acc. to net on Fig. 6) the autoradiogram (Fig. 7) of an alloy showing dendritic segregation, another histogram was built (Fig. 8).

The next histogram (Fig. 9) was made of the photometric results of alloy autoradiogram (Fig. 10) showing the grain boundaries segregation.

For the above examples, identification of distribution type the help of probabilistic nets was made; the nets are shown successively on Fig. 11, 12, 13.

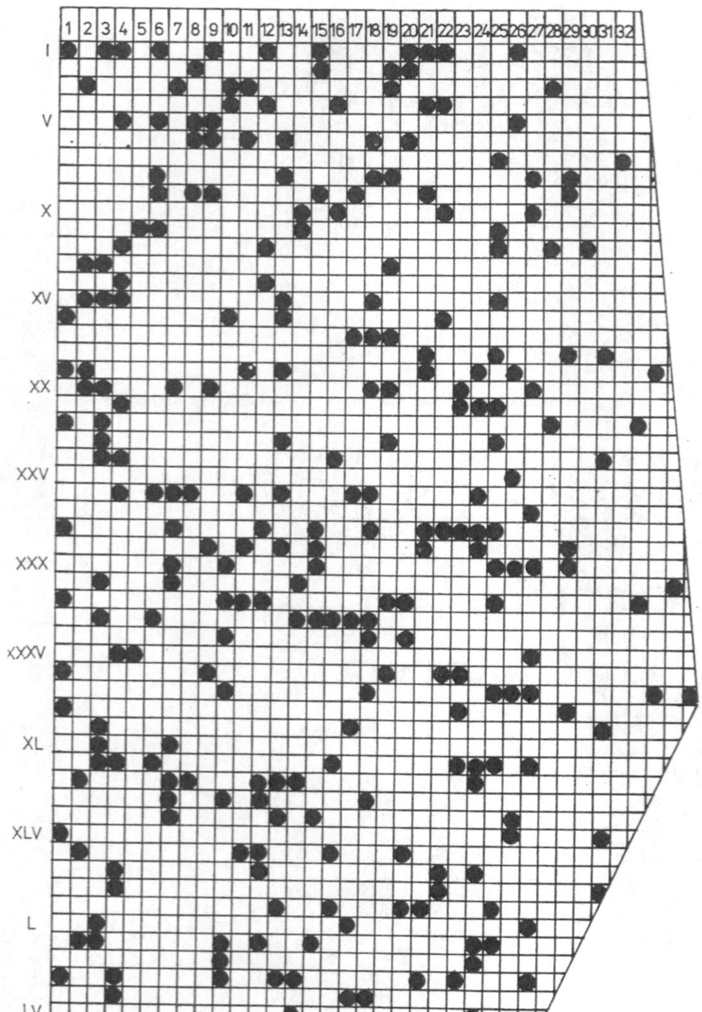

Fig. 6. A net of randomly chosen fields to be photometring from autoradiograph from fig. 4

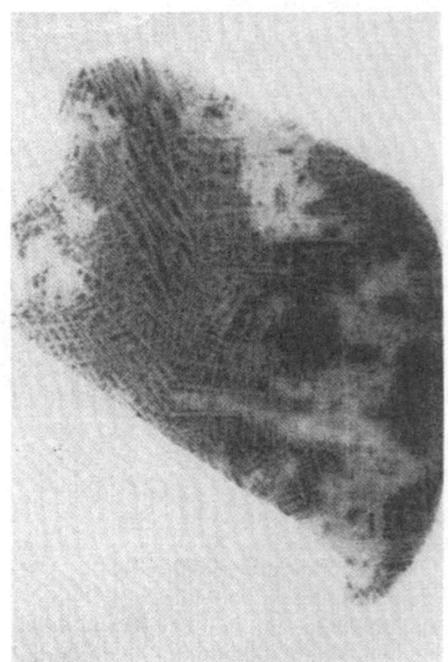

Fig. 7. An autoradiograph of the specimen of Al–Cu alloy showing dendritic structure

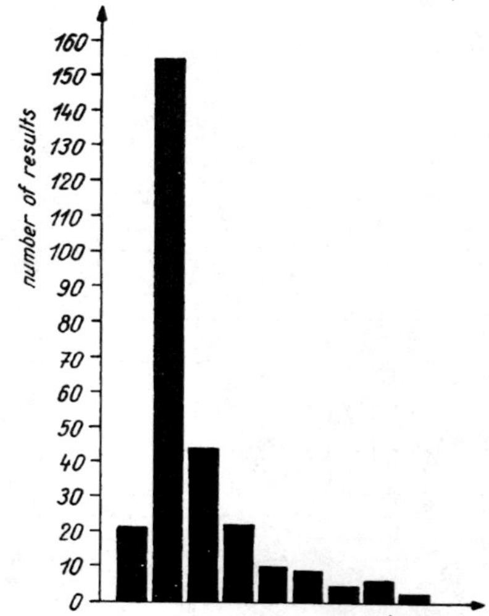

Fig. 8. The histogram of results of photometric analysis of autoradiograph from fig. 7

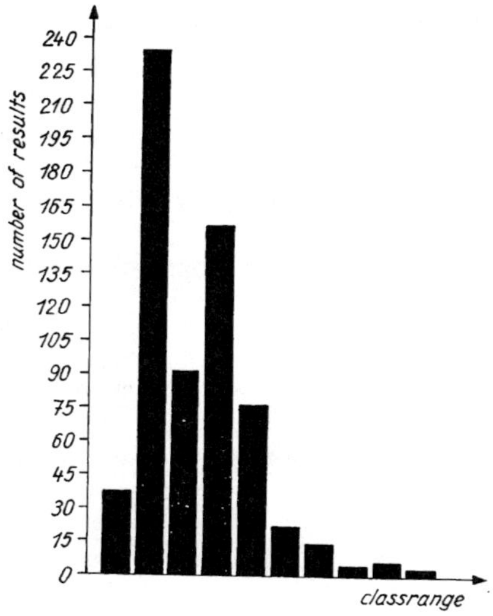

Fig. 9. The histogram of results of photometric analysis of autoradiograph from fig. 10

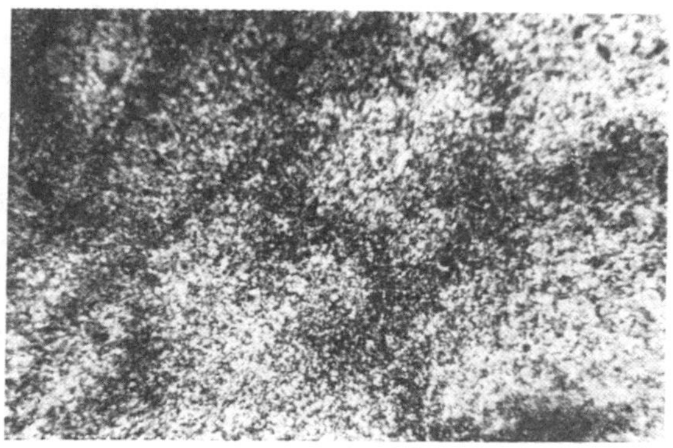

Fig. 10. An autoradiograph of the specimen of Cu in grey cast iron demonstrating grain boundary segregation

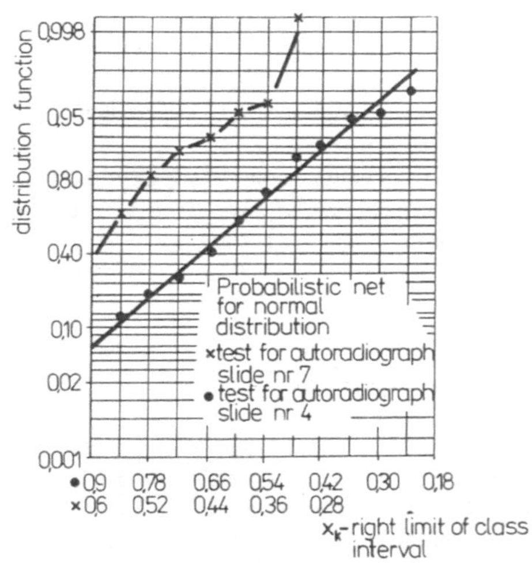

Fig. 11. The probabilistic paper of normal distribution

In the case of the alloy showing gravitational segregation, the performed calculations according to tests on the probability paper (Fig. 11) showed that the concentrations' distribution of the searched element is the same as the normal distribution with parameters:

$$\bar{\chi} = -0.6336 \quad \text{and} \quad \sigma = 0.1652$$

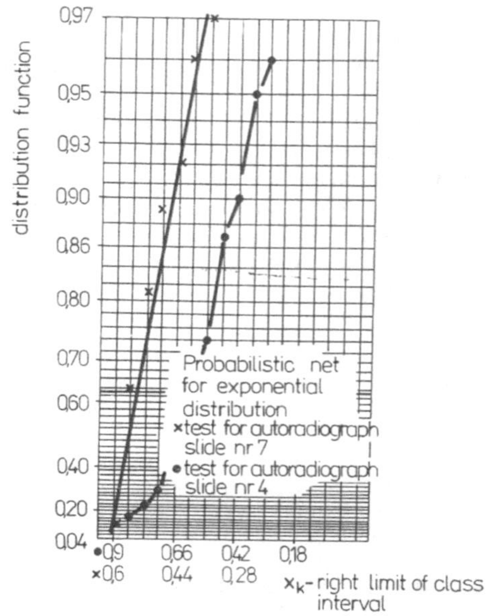

Fig. 12. The probabilistic paper of exponential distribution

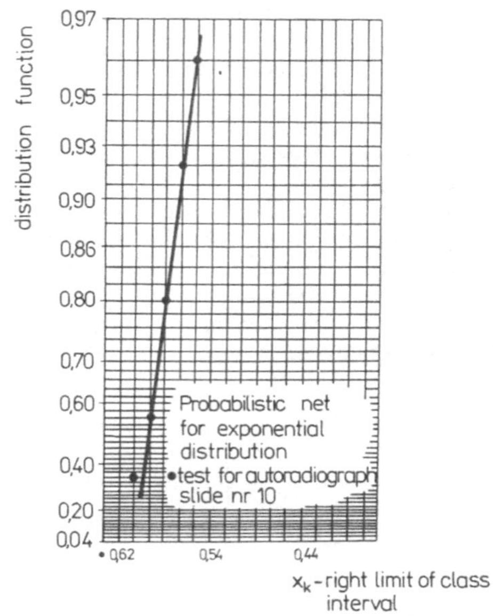

Fig. 13. The probabilistic paper of exponential distribution

with the assumed significance level $\alpha = 0.001$ what was checked by χ^2 test.

The distribution of autoradiograms' optical densities on Fig. 7 (dendritic segregation) however, showed the agreement with the exponential distribution.

Fig. 12 and 13 present the functional probability papers of exponential distribution with the written in data (cumulated frequencies and intervals' values). The obtained diagrams from measurements show the agreement of autoradiograms' optical density distribution of Fig. 7 and 10 and exponential distribution.

Conclusions

On the basis of examples presented above it is not difficult to state the influence of the structure type on the form of statistical distribution is clear. Determining the forms and parameters of distribution, one can identify the type of the strucutre, especially in such cases when the alloy components do not form easily recognizable structural components. This method is a trial of answering the question in which structural components of the alloy the labelled element is. It is believed that the searched element should be present in a given phase, i. e. when the statistical distribution of both values (the phase and the searched element) correspond. The performed examinations show that it is possible to describe the structure of element's distribution in the structure of the alloy.

Received June 18, 1981
in revised form: October 13, 1981

References

[1] *W. Leszek*, Studia nad zagadnieniem niejednorodności składu chemicznego materiałów. Politechnika Poznańska, Rozprawy Nr 60, Poznan 1973

[2] *M. Radwan, A. L. Jankowski, J. Kominek, K. Szalzschneider*, ,,Autoradiografia metaloznawcza'', PTJ, Ośrodek Informacji o Energii Jądrowej, Warszawa 1968

[3] *J. Ryś, K. Wiencek*, ,,Ilościowa ocena niejednorodności struktury stopów''. Materiały na VII Zebranie Sprawozdawcze za lata 1970 bis 73, Komitetu Hutnictwa PAN T. 1, Krynica 1974

[4] *K. Szalzschneider, A. L. Jankowski, M. Radwan*, Nukleonika **12** (1967) 977

[5] *J. Komosiński*, ,,Analiza drgań noża lokarskiego przy podłużnym toczeniu stali 45 z uwzględnieniem procesu zużycia ostrza'' PWN, Poznań 1971

[6] *J. Komosiński*, ,,Zjawisko drgań dużej częstotliwości /II rodzaju noża tokarskiego przy toczeniu''. Zeszyty Naukowe Politechniki Szczecińskiej Nr 123, Szczecin 1970

[7] *D. Bobrowski*, ,,Probabilistyka zastosowaniach technicznych'' WNT, Warzawa 1980

[8] *F. Mysak, J. Spunda*, Nukleonika **25** (1980) 1241

Анализ процесса полунепрерывного литья алюминия на основе авторадиографических исследований

Л. Валисъ, А. Б. Выжыковска, И. Красъ, З. Сморавиньски

(Институт ядерных исследований, Варшава)[1])

Используя радиоактивный индикатор (изотоп золота ^{198}Au) и метод авторадиографии, изучено влияние технологических условий полунепрерывного литья алюминия и его сплавов на форму фронта кристаллизации и на глубину жидкой фазы. В анализе влияния условий литья переменными величинами были: форма и размеры слитков, способ подачи жидкого металла в кристаллизатор и скорость литья. С учётом технологических условий принимались как постоянные: температура жидкого металла, уровень жидкого металла в кристаллизаторе, а также температура и объем воды охлаждающей кристаллизатор, определено влияние вышеуказанных переменных параметров процесса. Полученные результаты могут быть использованы при автоматизации процесса полунепрерывного литья алюминия и его сплавов. С тем, чтобы максимально ограничить величину вводимого индикатора для получения авторадиограмм была использована рентгеновская пленка типа D-7p.

Keywords

aluminium; autoradiography; continuous casting; gold 198; metallurgy; tracer techniques

1. Введение

В металлугрии применяются две техники уменьшения последствий неоднородности слитков:

а) за счет увеличения размеров слитков и увеличения степени пластичной переработки, а также подбора соответствующей формы слитка,
б) за счет полунепрерывного или непрерывного литья.

Генерально при производстве алюминия и его сплавов применяется полунепрерывное литье. Для автоматизации процесса литья и обеспечения повторяемости условий необходимо узнать влияние таких технологических параметров как температура охлаждающей воды, способ подачи в кристаллизатор жидкого металла, скорость литья.

С этой целью было изучено влияние вышеуказанных параметров на размер твёрдой фазы после выхода слитка из кристаллизатора, а также на форму фронта кристаллизации и глубину жидкой фазы.

До сих пор такого рода исследования проводились на слитках с малыми разрезами. Для этого были использованы, в частности, ^{64}Cu [1], ^{45}Ca [2], ^{65}Zn [3, 4] и метод авторадиографии.

Цель настоящего исследования — оценка влияния всех вышеуказанных технологических параметров процесса для больших слитков $300 \div 400 \times 1100 \div 1700$ *мм*.

2. Методика исследований

У алюминия и его сплавов нет элементов, дающих нужные изотопы для авторадиографических исследований формы фронта кристаллизации. Поэтому в этой работе использован ,,физический'' индикатор. Радиоактивный индикатор применяемый в исследованиях формы фронта кристаллизации авторадиографическим методом в слитках большой массы должен характеризоваться, в частности, сравнительно коротким временем полураспада, испусканием частиц β средней энергии, низкой токсичностью и хорошей растворимостью в алюминии. Из доступных индикаторов выбран изотоп золота ^{198}Au, который отвечал вышеперечисленным условиям. Было проведено предваритель-

[1]) Адрес: 03-195 Warzawa, Dorodna 16⁺

ное лабораторное исследование, в результате которого была установлена удельная активность индикатора ^{108}Au-3,7.10^{7} Bq/g и род авторадиографической пленки. Из трех родов авторадиографической пленки AF-3 и рентгеновской пленки D-7p в настоящей работе решено использовать рентгеновскую пленку D-7p. Эта пленка, характеризующаяся высокой чувствительностью, позволила нам максимально ограничить количество вводимого индикатора и в 15 раз сократить время экспозиции авторадиограмм. Это имеет особенно большое значение в исследованиях, проводимых в промышленных условиях, потому, что выполнение всей серии исследований сокращает экспозицию авторадиограмм до максимум 10 часов, а также не влечет за собой радиоактивного загрязнения.

2.1. Способ проведения исследований

Для исследований выбраны слитки из алюминия сорта Al-99,5% и сплавы разного химического состава и размеров. Дозирование проводилось в последней фазе литья. Полная активность ^{198}Au используемая для мечения каждого слитка составила 7,4 GBq.

После отливки слитков отрезалась их конечная ,,меченая" часть-зона ок. 600 *мм*. Для авторадиографических исследований из отрезанной зоны вырезались образцы толщиной ок. 20 *мм* из поперечных и продольных разрезов. Схема отбора образцов слитка представлена на рис. 1.

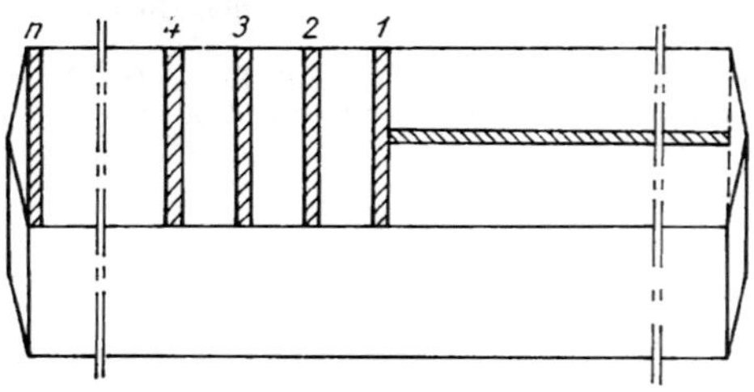

Рис. 1. Схема вырезания и обозначения образцов слитков

3. Результаты исследований

Из всех поперечных разрезов слитка выполнены авторадиограммы. Для примера на рис. 2 и 3 представлён фронт затвердевания, полученный из слитка сорта Al-99,5% размером 400 × 1700 *мм*.

С полученной для каждого слитка серии авторадиограмм поперечных разрезов выполнены общие рисунки, точно воспроизводящие фронт затвердевания. На авторадиограммах также проведены измерения максимального уровня жидкой фазы. На рис. 4 для примера представлен общий рисунок, полученный из поперечных разрезов слитка алюминия с отмеченными глубинами уровня жидкой фазы.

На авторадиограммах отчетливо видны районы с разной степенью почернения (более светлые зоны). Такой характер почернений позволяет получить важные наблюдения свидетельствующие о направлениях перемещения потока жидкого металла в кристаллизаторе и непосредственно связан с конструкцией поплавков и всей системой подачи.

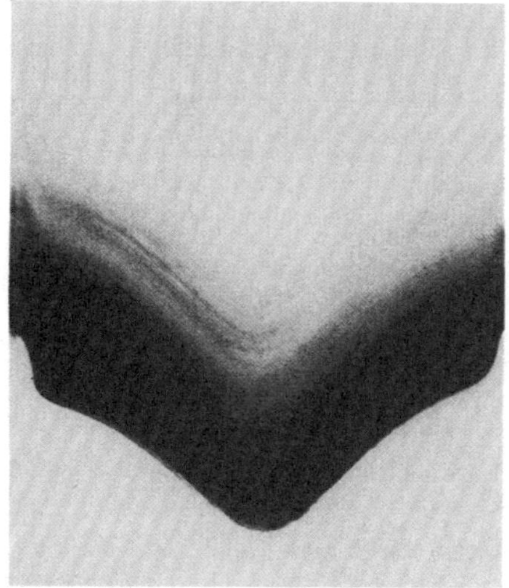

Рис. 2. Авторадиограмма поперечного разреза слитка размерами 400 × 1700 *мм* из алюминия сорта Al-99,5 %. Расстояние от боковой поверхности слитка – 850 *мм*

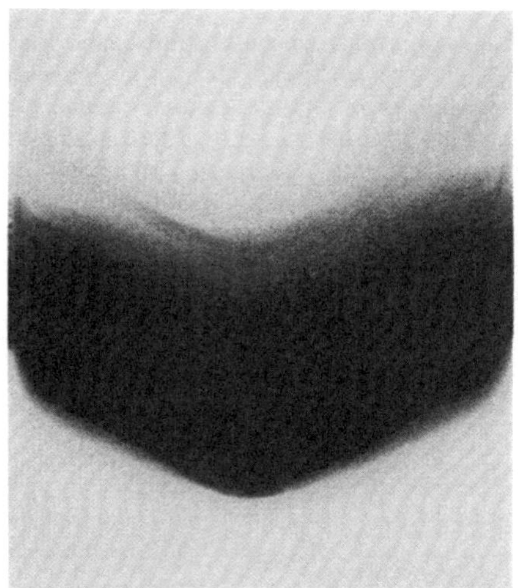

Рис. 3. Авторадиограмма поперечного разреза слитка размерами 400 × 1700 *мм* из алюминия сорта Al-99,5 %. Расстояние от боковой поверхности слитка – 720 *мм*

Для облегчения сравнения и оценки влияния параметров затвердевания на глубину жидкой фазы результаты представлены также в графическом виде — рис. 5.

4. Анализ результатов исследований

Получить полную информацию для всех слитков удалось благодаря правильно подобранному радиоактивному индикатору и рентгеновской пленке D-7p высокой чувствительности. Анализ полученных авторадиограмм позволил обьемно воспроизвести фронт кристаллизации и оценить влияние переменных параметров процесса без введения мешающих процессу факторов.

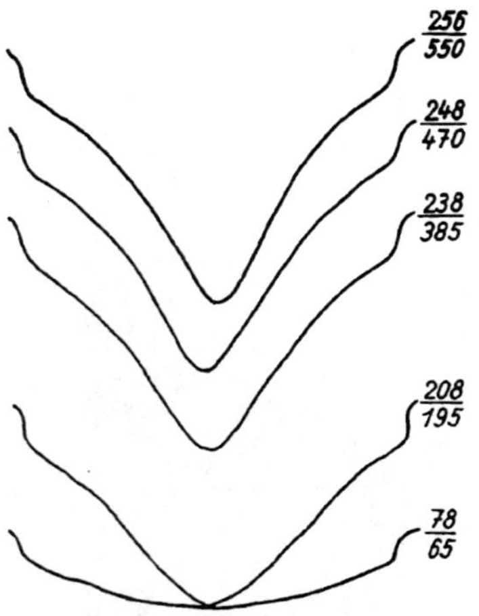

Рис. 4. Фронт затвердевания слитка размерами 400 × 17000 *мм* из алюминия сорта Al-99,5 %, определенный на основе авторадиограмм, полученных из поперечных разрезов. Замечание: Цифровое обозначение в виде дроби, в которой: числитель — максимальная глубина жидкой фазы (*мм*) измерена от границы: жидкая фаза — твердая фаза у стенки кристаллизатора, знаменатель-расстояние (в *мм*) поверхности, с которой была получена авторадиограмма от боковой поверхности слитка

Установлено, что для слитков одинаковых размеров и одинаковой скорости литья большое влияние на форму фронта кристаллизации имеет способ подачи жидкого металла. Применение двух поплавков увеличивает глубину жидкой фазы центральной части слитка, то есть на расстоянии более 500 *мм* от боковых стен по сравнению со слитком, полученным в результате подачи жидкого металла из одного поплавка (см. рис. 6 — кривые 1 и 5).

Большое влияние на глубину жидкой фазы имеет тоже скорость литья, что со всей отчетливостью видно при сравнении (рис. 6) результатов, полученных для слитка ,,3'' (60 *мм/мин*) и для слитка ,,I,, (55 *мм/мин*), в которые жидкий металл подавался подобным образом.

Не замечено влияния сорта литого материала на форму фронта кристаллизации. Сравнивая результаты для слитков ,,2'' и ,,5'', литье которых проходило при одном поплавке, виден их сходный характер, несмотря на то, что они незначительным образом отличались толщиной (25 *мм*) и скоростью литья. Непосредственное наблюдение авторадиограмм позволило также получить дополнительную информацию о направлении потока жидкого металла и о толщине переходных зон при фронте затвердевания.

И так, применение авторадиографии и меченых атомов в исследованиях полунепрерывного литья металла позволяет исчерпывающим образом определить форму и глубину жидкой фазы. Полный образ этого явления фактически не может быть получен другими методами.

Поступила в редакцию 24/VI, 1981 г.

Литература

[1] *J. L. Putman*, I. Inst. Metals, 81 (1954) 411
[2] *В. И. Добаткин, Б. И. Симановски*, Литейн. Произв., **10** (1960) 34
[3] *E. Bujdoso, T. Lear*, Femipari Kutato Int. Kösi, 3 (1959) 108
[4] *K. Akerman, M. Brafman, O. Kruszewska, K. Kruszewski*, Isotopenpraxis 3 (1967) 211.

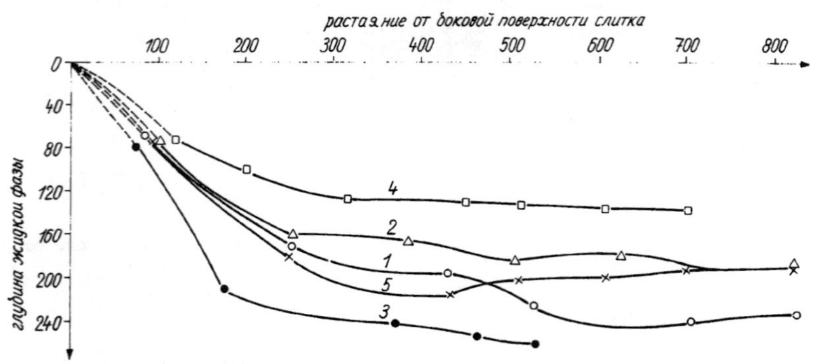

Рис. 5. Положение плоскости, разделяющей фазы жидкую и твердую (найденное на основе авторадиограмм, полученных из поперечных разрезов)

кривая №	Сорт металла	Способ подачи жидкого металла
1	Al 99,5 %	2 поплавки 4 точки введения металла
2	AlMg2Mn	1 поплавок 2 точки введения металла
3	Al 99,5 %	1 поплавок 2 точки введения металла
4	AlMn1	1 поплавок 2 точки введения металла
5	Al 99,5 %	1 поплавок 2 точки введения металла

X-Ray Studies on Metal Oxide Promoted Nickel Catalysts for Hydrogen-Water Deuterium Exchange

F. H. Abou El-Nour, A. A. Al-Suhybani, S. H. Al-Khowaiter

(Chemistry Department, College of Science, Riyad University)[1])

Nickel catalysts promoted with 20 mol-% of different metal oxides were prepared. The activity of the promoted mixed catalysts for the isotopic exchange of deuterium between hydrogen and water vapour was measured. The total surface area, the specific nickel surface area and the particle diameter of crystalline nickel were calculated. The equation applied for calculation of the particle diameter was presented from the experimental data for nickel surface area measured by the pulse technique. The X-ray diffraction measurements of the catalysts were carried out and indicated that the only peaks produced for catalysts promoted with different metal oxides were those of crystalline nickel. Correlation between the surface properties of the promoted nickel catalysts, their activities for hydrogen-water deuterium exchange and the X-ray diffraction peak-heights of crystalline nickel were established.

Keywords

catalysts; deuterium; hydrogen; isotopic exchange; nickel oxides; X-ray diffraction

1. Introduction

The exchange of deuterium between hydrogen and water vapour is considered to be a hydrogenation-dehydrogenation reaction. It also represents the main reaction for heavy water production by chemical exchange between the reacting species [1]. Nickel-based catalysts proved to be efficient for such isotopic exchange reaction [2]. Different metal oxides were used as supports for nickel. It could be promoted either by one metal oxide producing binary mixed catalyst, or it may be supported by two oxides to give a ternary one [3—7].

Previous studies on the surface properties of promoted nickel catalysts indicated that their activities for hydrogen-deuterium exchange are not a function of the total surface area of the catalysts, while the specific nickel surface area is high for catalysts of high activity [8]. The promoter has two functions. First it protects the metallic nickel particles against sintering during reduction and use, so that the nickel surface is higher than that in the absence of the promoter. Secondly it increases the specific rate of the reaction [3, 9].

The precipitation of crystalline catalysts involves nucleation and crystal growth. A careful kinetic analysis reveals that the two processes can be influenced independently. This allows a better selectivity and control of the size and properties of crystalline materials. Processes that take place during drying, calcination, reduction, activation and reactivation can be controlled in the way that chemical and thermal treatments of the catalysts can be oriented to produce catalysts of crystalline properties [10].

To explain the nature of the catalyst material throughout the catalytic process, X-ray diffraction studies were recommended [9, 11].

2. Experimental

2.1. *Preparation of the catalysts*

Nickel catalysts promoted with 20 mol-% Cr_2O_3, Al_2O_3, Fe_2O_3, CoO, MgO, CeO, MnO and CuO were prepared from the corresponding metal nitrates. The amount of the promoter must not exceed 20 mol-% to avoid the carrier effect [10], which leads to a marked decrease in the activity of the catalysts during use. The mixed nickel and metal nitrates were co-precipitated as carbonates, washed, dried at 105 °C and sieved to pass through 0.40 to 0.16 mm φ sieve. The material was then calcined at 350 °C and reduced at 320 °C. A complete description of the preparation method of the catalysts was given before [12].

2.2. *Catalytic activity measurements*

Measurements of the activity of the mixed catalysts were carried out using an exchange apparatus described in our previous work [6]. This exchange apparatus is composed of a saturator containing HDO-liquid and a reaction chamber in which a certain amount of the catalyst is situated. Both saturator and reaction chamber are thermostated and isolated from the surrounding atmosphere. Hydrogen gas of certain flow rate (6 l/h) was passed into the saturator at 63 °C. The amount of HDO carried with hydrogen depends on temperature and pressure of the saturator and could be calculated from the equation:

$$B = \frac{\text{no. of HDO-molecules}}{\text{no. of } H_2\text{-molecules}} = n_{HDO}/n_{H_2} \tag{1}$$

A small amount of the catalyst (0.2 g) was transfered to the reaction chamber and was reactivated before use at 160 °C for 2 hours [13]. The reaction occuring in the reaction chamber is of the type:

$$HDO_{vap.} + H_2 = H_2O_{vap.} + HD$$

The produced water vapour was condensed by passing through *Dewar's* flask filled with liquid nitrogen, while HD-gas was collected and analysed for deuterium.

Calculation of the catalytic activity was carried out using the equation [6]:

$$\text{sp. activity } (r_{sp.}) = \frac{F \cdot B}{(1 + BK)\, w} \ln \frac{N_\infty^{HD} - N^{H_2}}{N_\infty^{HD} - N^{HD}} \tag{2}$$

[1]) Address: P.O. Box 2455, Riyad, Saudi Arabia

where F is the flow rate of hydrogen given in moles per second, B is the ratio of partial pressure of water to that of hydrogen, K is the equilibrium constant of the reaction, w is the weight of the catalyst used, N^{H_2} is the deuterium content of the reactant hydrogen, N^{HD} is the deuterium content of the produced HD and N_{∞}^{HD} is the deuterium content of the produced HD at equilibrium and is given by the equation [5]:

$$N_{\infty}^{HD} = \frac{N^{H_2} + BN^{HDO}}{1 + B \cdot K} \quad (3)$$

where N^{HDO} is the deuterium content of HDO present in the saturator.

2.3. *Surface area measurements*

The total surface area of the catalysts (S_{BET}) was measured by nitrogen adsorption on the surface of the catalysts at −195 °C.

The measurements were made from the adsorption-desorption isotherms using a standard volumetric method and applying the BET-equation [14].

The specific metallic surface area of the promoted nickel catalysts was determined by chemisorption of pure hydrogen at liquid nitrogen temperature [15—18]. The surface area (S_{Me}) of the catalysts could be calculated from the equation:

$$S_{Me} = 2 \cdot a_{H_2} \cdot N \cdot \sigma \quad (4)$$

where a_{H_2} is the number of chemisorbed hydrogen molecules on the surface of nickel at the given temperature, N is *Avogadro's* number and σ is the cross sectional area of nickel (6.33 Å²).

The particle diameter (a_e) of the promoted nickel catalyst could be determined by applying the following equation, presented in this study from the experimental data for nickel surface area measured by the pulse technique [5, 19]:

$$a_e = \frac{6}{S_{Me} \cdot \varrho_{Me}} \quad (5)$$

where ϱ_{Me} is the X-ray density of the metal ($\varrho_{Ni} = 8.9117$).

2.4. *X-ray measurements*

Examination of the nickel catalysts promoted with different metal oxides was carried out using an X-ray diffractometer made by Philips of the following specifications:

X-ray generator type PW 1120/00/60
Vertical type diffractometer type PW 1050/70
Proportional detector type PW 1965/50
Vertical chromium lamp of wavelength 2290.9 Å.

The position of the resulting X-ray peaks was determined in terms of diffraction angle (θ-values). By applying *Bragg's* formula, it is possible to determine the distance between the different planes of the crystal (d-values), characteristic for every crystalline material.

3. Results and discussion

Equation (2) was used for calculation of the specific activity ($r_{sp.}$) of the nickel catalysts promoted with the mentioned metal oxides. For calculation of the B-value, equation (1) was applied. Its value was found to be 0.3038. The equilibrium constant (K) at the reaction temperature of 79 °C was calculated [20] to be 2.834. Estimation of the value of N_{∞}^{HD} was carried out according to equation (3), using N^{HDO} equals to 4.55 at-% D and N^{H_2}-value of 0.015 at-% D. The values of N^{HD} for the different catalysts were determined experimentally using the exchange apparatus. The results of specific activity, calculated per unit weight of the catalyst are given in Tab. 1.

Tab. 1. Catalytic activity ($r_{sp.}$), total surface area (S_{BET}) nickel surface area (S_{Me}), particle diameter (a_e) and X-ray diffraction peak-height (h_{Ni}) for nickel, catalysts promoted with different metal oxides

catalyst composition	S_{BET} m²/g	S_{Me} m²/g	a_e Å	h_{Ni} mm	$r_{ps.} \times 10^5$ mol-D/g.s.
80 Ni/20 Co	52	11	599	66	4.02
80 Ni/20 Cr	63	16	427	55	3.39
80 Ni/20 Cu	69	10	672	50	2.72
80 Ni/20 Fe	61	8	820	43	2.29
80 Ni/20 Al	—	—	—	35	1.94
80 Ni/20 Mn	56	6	1179	18	1.63
80 Ni/20 Mg	45	11	612	41	1.27
80 Ni/20 Ce	57	2	3131	12	0

The experimental results for the total surface area (S_{BET}), the specific nickel surface area (S_{Ni}) and the particle diameter (a_e), calculated by equation (5), are summarized in the same Tab. 1.

The X-ray diffraction peaks for nickel catalysts promoted with the different metal oxides are located at d-values of 2.03 and 1.76 Å characterized for Ni. The heights of the nickel peaks at $d = 2.03$ Å were measured and reported in Tab. 1. No peaks for the metal oxide promoters were detected. This result agrees with that given by *Sagert* et al. [9] for nickel catalysts promoted with other metal oxides.

The results given in Tab. 1 correlate the activity of nickel catalysts promoted with different metal oxides for the deuterium exchange between hydrogen and water vapour and the surface properties of these catalysts. The values of $r_{sp.}$, S_{BET} and S_{Me} demonstrate the concept that the catalytic activity is a result of chemical interaction between the metal oxide promoter and the metal [21—23].

According to the X-ray diffraction results, nickel is responsible for the activity of the different catalysts. The metal oxide promoter was found to be of amorphous character. Its function is to increase the surface area of metallic nickel, leading to a consequent increase in the reaction rate. The increase in the total surface area of the catalyst due to the promoter has no direct effect on its activity. It is responsible for protection of the active nickel particles against sintering [9].

Acknowledgement: The authors wish to thank Mr. *Abdulla El-Sadek* for assisting in the experimental work and Eng. *M. H. Wehba* for assisting in X-ray measurements.

Received July 8, 1981

References

[1] *E. W. Becker*, "Heavy Water Production", International Atomic Energy Agency Review Series No. 21, Vienna 1962
[2] *G. G. Joris*, "Production of Heavy Water by G. M. Murphy", McGraw-Hill, New York 1955

[3] *P. Margineanu, A. Olariu*, J. Catalysis 8 (1967) 359
[4] *E. Hallaba, F. Abou El-Nour, E. Abdel-Wahab*, Arab J. Of Nuclear Sciences and Applications **6** (1973) 133
[5] *F. Abou El-Nour, M. Abdel-Khalik, N. Belacy, E. Hallaba*, Isotopenpraxis **13** (1977) 179
[6] *F. Abou El-Nour, H. Schütze*, Isotopenpraxis 8 (1972) 391
[7] *F. Abou El-Nour, N. Belacy*, Isotopenpraxis **18** (1982) 131
[8] *F. Abou El-Nour, M. Abdel-Khalik, S. Hassan*, J. Appl. Chem. Biotechn. **25** (1975) 753
[9] *N. H. Sagert, P. E. Shaw-Wood, R. M. Pouteau*, Can. J. Chem. **53** (1975) 3257
[10] *V. V. Boldyrev, M. Bulens, B. Delmon*, "Studies in Surface Sciences and Catalysis, Vol. 2, The Control of Reactivity of Solids", Elsevier Scientific Publishing Company, Amsterdam, Oxford, New York 1979
[11] *N. H. Sagert, R. M. Pouteau*, Can. J. Chem. **49** (1971) 3411
[12] *F. Abou El-Nour, H. Schütze, K. Wetzel*, Patentschrift No. 87562, DDR 1972
[13] *F. Abou El-Nour*, Isotopenpraxis **16** (1980) 370
[14] *S. Brunauer, P. Emmet*, J. Am. Chem. Soc. **57** (1935) 1745
[15] *G. K. Gruber*, J. Phys. Chem. **66** (1962) 48
[16] *T. R. Hughes, R. J. Houston, R. P. Seig*, 135th Natl. Meeting, Am. Chem. Soc. Div. Petrol. Chem. Reprint 4, c-33, 1959
[17] *L. Spenadel, M. Boudart*, J. Phys. Chem. **64** (1960) 204
[18] *S. F. Adler, J. J. Kearney*, J. Phys. Chem. **64** (1960) 208
[19] *A. K. Banerjee, S. R. Naidu, N. C. Ganguli, S. P. Sen, S. K. Mazumdar*, Fertilizer Technology **13** (1976) 1
[20] *F. Abou El-Nour, N. Belacy, E. Hallaba*, Isotopenpraxis **10** (1974) 372
[21] *D. Tarina, E. Weissmann, D. Barb*, J. Catalysis **11** (1968) 348
[22] *A. Olariu*, Stud. Cercet. Fiz. **22** (1970) 953
[23] *I. Inta, P. Margineanu*, Rev. Roum. Chim. **18** (1972) 347

Kurze Originalmitteilungen

Untersuchungen zur Entwicklung einer netzunabhängigen Insektenlichtfalle mit ^{85}Kr

W. Kühne

(Karl-Marx-Universität Leipzig, Institut für tropische Landwirtschaft, Wissenschaftsbereich Pflanzenschutz und Vorratsschutz)[1])

Herrn Prof. Dr. *E. Mühle* in Dankbarkeit zum 75. Geburtstag gewidmet

Keywords

insects; krypton 85; light sources

1. Einleitung

Die Notwendigkeit einer gezielten Bekämpfung phytophager Raupen in Obstplantagen setzt genaue Kenntnisse über den Zeitpunkt des Fluges und die Stärke des Auftretens der Imagines solcher Schmetterlingsarten voraus. Da viele der schädlichen Lepidopteren nachts flugaktiv sind und dabei phototaktisch positiv reagieren, werden seit vielen Jahren Lichtfallen zur Ermittlung des Auftretens eingesetzt. Im Rahmen des Prognose- und Warndienstes stellen die damit erzielten Fangergebnisse wichtige Entscheidungshilfen für eine wirksame Bekämpfung solcher Schädlinge dar [1]. Dieser Verwendungszweck hat in der Vergangenheit zur Entwicklung einer Vielzahl verschiedener Lichtfallen geführt [2, 3]. Beim Bau solcher Fallen standen neben der Lösung verschiedener technischer Probleme vor allem Fragen zur Verbesserung der Anlockung bzw. Fangleistung in Abhängigkeit von verschiedenen Lichtarten im Vordergrund. Dabei wurde neben normalem Glühbirnenlicht auch UV- und Mischlicht verwendet. Die in der Literatur vorliegenden Ergebnisse über den Fang von Lepidopteren in Lichtfallen lassen jedoch keine einheitliche Tendenz hinsichtlich der Bevorzugung der einen oder anderen Lichtart erkennen [4—6].

Eine breite Anwendung von Lichtfallen in der Praxis wird jedoch durch die unbedingte Abhängigkeit von einer entsprechenden Stromquelle erheblich eingeschränkt. Dies betrifft besonders solche Obstanlagen, in deren näherer Umgebung keine geeignete Stromquelle vorhanden ist. Diese Tatsache hat in der Vergangenheit zu Versuchen geführt, auch netzunabhängige Lichtfallen, das heißt auf der Grundlage von Batteriestrom, zu entwickeln [7]. Da jedoch solche Fallen meist nur eine begrenzte Betriebsdauer von wenigen Stunden besitzen, konnte das Problem des Einsatzes von Lichtfallen in solchen Obstanlagen, die weit von Stromquellen entfernt liegen, bisher nicht befriedigend gelöst werden. Aus diesem Grund erschien es angebracht, nach weiteren Möglichkeiten zu suchen, um eventuell auf anderer Basis eine netzunabhängige, ständig wirksame Lichtfalle zu entwickeln. Bei diesen Überlegungen wurde unter anderem auch die Tatsache in Betracht gezogen, daß radioaktives Krypton (^{85}Kr) unter bestimmten Bedingungen einen gewissen Leuchteffekt erzeugt. Es lag deshalb nahe, im Rahmen erster orientierender Versuche zu prüfen, ob dieser Leuchteffekt zur Anlockung von Lepidopteren geeignet ist.

2. Material und Methode

Krypton-85 gehört als Edelgas mit zu den radioaktiven Isotopen, die auf Grund der Art ihrer Emission als Beta-Gamma-Strahler bezeichnet werden. Die Auswahl von ^{85}Kr schien entsprechend dem beabsichtigten Verwendungszweck besonders deshalb geeignet zu sein, da es mit 10,76 Jahren eine verhältnismäßig lange Halbwertszeit besitzt, was zugleich eine lange Erhaltung des Leuchteffektes bedeuten würde.

Im Rahmen der Vorarbeiten wurde zunächst ein entsprechendes Präparat hergestellt. Es bestand aus einem abgeschmolzenen Cer-Glasröhrchen, in dem sich ^{85}Kr und eine spezielle Leuchtfolie befanden. Die Aktivität betrug 37 GBq (1 Ci). Der induzierte Leuchteffekt beruhte darauf, daß die Folie durch die ionisierende Strahlung angeregt wird und dadurch einen ständigen Leuchteffekt abgibt.

[1]) Anschrift: 7027 Leipzig, Schönbachstr. 10

Das ausgestrahlte Licht hatte eine schwache, hellgrünliche Farbe. Für die Durchführung der Versuche mußte die Lichtquelle entsprechend dem Wirkungsprinzip einer Insektenlichtfalle in einer geeigneten technischen Vorrichtung verankert werden. Dies erfolgte provisorisch durch Einführung der Leuchtquelle in ein zweites, größeres Glasröhrchen, welches über eine Halterung an einem Laborstativ befestigt wurde. Außerdem war es erforderlich, unter der Leuchtquelle eine Schale mit Wasser für den Fang angelockter Lepidopteren aufzustellen.

Bei der Auswahl des Testobjektes mußte auf Imagines der Kohleule (*Mamestra brassicae L.*) aus einer Zucht zurückgegriffen werden, da Vertreter der eigentlichen Obstschädlinge nicht zur Verfügung standen. Die vorgesehenen Untersuchungen wurden dadurch in keiner Weise beeinträchtigt, da auch die Kohleule (Schädling an Kohlarten) hinsichtlich der nächtlichen Flugaktivität und der phototaktisch positiven Reaktion die gleichen Verhaltensweisen wie die betreffenden Obstschädlinge zeigt. Sie konnte somit für die Beantwortung der anstehenden Versuchsfrage als geeignetes Testobjekt angesehen werden.

3. Experimentelles und Ergebnisse

Für die Durchführung der Untersuchungen erschien es aus Gründen der besseren Wirkungserfassung angebracht, die Leuchtquelle zunächst unter räumlich begrenzten Bedingungen zu testen. Aus diesem Grund wurden die Versuche nicht im Freiland sondern in einem völlig abgedunkelten Raum durchgeführt. Die Prüfung des Anlockungseffektes erfolgte in der Weise, daß nach der Aufstellung der Leuchtquelle auf einem Tisch in diesem Raum 10 Imagines der Kohleule freigelassen wurden. Die Raumtemperatur lag bei 20 °C. Am anderen Tag hatten sich 3 Falter in der Schale gefangen, während sich die Mehrzahl der Tiere an den oberen Teilen der Wände befand. Dieses Verhalten dürfte dahingehend zu deuten sein, daß darin die Behaglichkeitszone für höhere Temperaturen zum Ausdruck kommt. Eine Wiederholung des Versuches brachte mit 2 gefangenen Faltern nahezu das gleiche Ergebnis. Die verhältnismäßig wenigen gefangenen Tiere reichen nach unserer Einschätzung nicht aus, um eine eindeutige Aussage darüber zu machen, ob die Schmetterlinge zufällig oder gezielt durch den Anlockungseffekt der Leuchtquelle in die Fangschale gelangt sind. Die Ursache für die geringen Fangergebnisse dürfte mit großer Wahrscheinlichkeit darauf zurückzuführen sein, daß die Intensität des radioaktiven Leuchteffektes noch zu gering ist, um die Falter gezielt anzulocken. In diesem Zusammenhang muß eventuell auch an eine Veränderung der Leuchtfolie bzw. des Spektralbereiches zu mehr weißem und blauem bzw. ultraviolettem Licht hin gedacht werden, da zahlreiche Lepidopteren besonders durch diese Wellenlängen des Lichtes angezogen werden [8], obwohl auch mit grünem Licht bereits gute Fangergebnisse erzielt wurden [6].

Für eine umfassende Beantwortung der anstehenden Frage sind deshalb weitere Versuche vor allem mit stärkeren Leuchteffekten sowohl in einem Testraum als auch im Freiland erforderlich. Erst nach diesen Untersuchungen dürfte es möglich sein, zu entscheiden, ob sich auf der Grundlage von Krypton-85 die Vorstellung über die Entwicklung einer netzunabhängigen Insektenlichtfalle für den praktischen Einsatz im Prognose- und Warndienst des Pflanzenschutzes verwirklichen läßt. Die technische Seite der Konstruktion bzw. des Baues der Lichtfalle wird — einschließlich der Berücksichtigung der Strahlenschutzbestimmungen — als lösbare Aufgabe betrachtet.

Für die Unterstützung in technischer Hinsicht möchte ich an dieser Stelle Herrn Dr. *Höhle*, Zentralinstitut für Isotopen- und Strahlenforschung Leipzig, meinen besonderen Dank aussprechen.

Eingegangen am 13. 1. 1982

Literatur

[1] *K. Russ*, Pflanzenschutzber. **25** (1960) 67
[2] *H. Mesch*, Beitr. Entomol. **15** (1965) 139
[3] *H. Mesch*, Nachrichtenbl. f. d. Pflanzenschutz DDR **30** (1976) 182
[4] *H. Malicky*, Z. angew. Entomol. **56** (1965) 358
[5] *P. Erfurth*, Nachrichtenbl. Dt. Pflanzenschutzd. (Berlin) **21** (1967) 211
[6] *E. Naton*, Z. angew. Entomol. **71** (1972) 270
[7] *H. Steiner, G. Neuffer*, Z. Pflanzenkrankh. **65** (1958) 93
[8] *M. Koch*, Wir bestimmen Schmetterlinge, B. III. Radebeul, Berlin: Neumann Verlag 1958

Thin-Layer Scanner with a Dot Printer Recorder for Radiolabelled Compounds

M. Králová, F. Kysela, Z. Hradil

(Institute of Experimental Botany Czechoslovak Academy of Sciences, Prague)[1])

Keywords

beta decay radioisotopes; chromatography; measuring instruments; radioactivity; radioisotope scanning

Introduction

In many cases thin-layer and paper chromatography combined with two-dimensional scanning permit a more rapid and precise separation of chemical mixtures than do other chromatographic methods. It is also exceptionally well suited for separating redioactive labelled compounds, either for analytical of for preparative purposes.

The scanner with the dot printer was designed and built in the Radiological Department of the Institute of Experimental Botany. The device can do direct measuring of all beta radioisotopes including tritium.

Description of the Device

The measurements were carried out with the automatic device (Fig. 1) consisting of the following units:

[1]) Address: ke dvoru 16/25, 16630 Praha 6 – Vokovice, ČSSR

1) carriage for the proportional counter and for the dot printer (our own construction in Fig. 2)
2) recording unit with a dot printer (our own construction in Fig. 2)
3) 2π-detector-gas flow counter with a 2 mm × 2 mm end window from thin Hostaphan foil coated with aluminium to 0.4 mg/cm^2 weight, for tritium without the foil (our own construction in Fig. 5)
4) divider of impulses (our own construction in Fig. 2)
5) control panel (our own construction in Fig. 7, 8)
6) carriage for the horizontal movement of the thin-layer plate or chromatogram and the recording paper (our own construction in Fig. 2)
7) pre-amplifier D.C. (our own construction)
8) linear pulse amplifier D.C. (Philips).

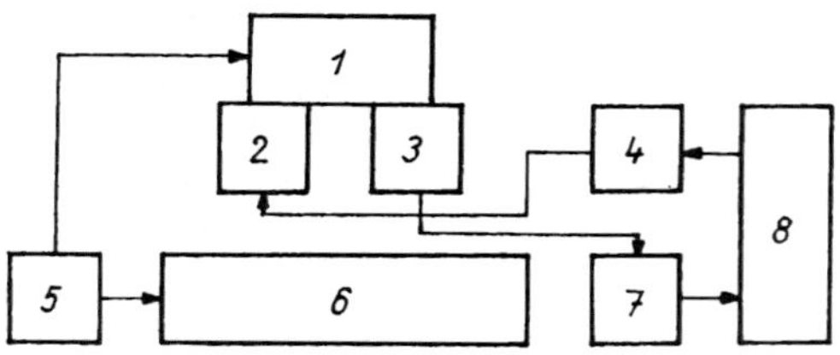

Fig. 1. Block-scheme of the scanner
1 – carriage for the proportional counter and the dot printer; 2 – dot printer; 3 – 2π-detector; 4 – divider of impulses; 5 – control panel; 6 – carriage for the thin layer plate or chromatogram and; recording paper; 7 – pre-amplifier; 8 – amplifier

Fig. 2. The device for thin-layer -and paper chromatography scanner with a dot printer recorder

Efficiency of the 2π-counter
15–30% for ^{14}C
50% for ^{32}P
0.7–3% for ^{3}H
Limit of detected activity per spot
200 decays/min for ^{14}C
100 decays/min for ^{32}P
2000 decays/min for ^{3}H
Background 5–10 imp/min
Counting gas methane, propane, argon + propane + + butane
Gas consumption
0.5 l/h with window
3 l/h without window
Operating voltage
approx. 3000 V for methane or propane,
1000 V for argon + propane + butane.

The developed thin-layer plate with two-dimensional radiochromatogram is placed on the carriage (Fig. 2) without any additional preparation. The automatic measurement and the recording system with the dot printer are switched on. The period between the application of the radioactive substance onto the thin-layer plate of the radiochromatogram and the availability of the scanning record in the dotted form is reduced in comparison with autoradiography. The time interval depends on the magnitude of the radioactivity (e.g. 100 × 100 mm flat lasts about 18 scanning-hours). The horizontal carriage for the thin-layer plate and the recorder is 460 × × 210 mm in size. The thin-layer plate lies on the carriage with the adsorbent layer facing upwards. The transport unit is equipped with a drive mechanism controlled in two directions vertical to each other. The carriage driving on precise bearing rolls moves in the range of 645 × × 200 mm. The horizontal movement is provided by a B 406 motor (Novy Bor, Czechoslovakia) with a speed of 1200 mm/h. This system permits the precise horizontal movement of the thin-layer plate under the detector; the same movement is provided for the recorder paper under the dotprinter. The recorder paper is 250 × 200 mm in size with a line distance of 1.5 mm.

The carriage for the 2π-detector and the dot printer has the shape of an irregular hexagon with bearing rolls and is situated 55 mm above the carriage for the horizontal movement.

The range of the horizontal movement is determined by limit stops which can be set at any distance between 0 and 200 mm. The smallest line space which can be set is 1.5 mm and is moved by the stepping motor (Fig. 3). When a limit step is reached (e.g. at the start or front of a chromatogram), the step of the given size in the traverse direction is triggered. The sense of the movement is reversed at the same time, which results in a meander-shaped scanning of the chromatogram (Fig. 4). The step size in the traverse direction is determined by riders (which can be set independently of each other) and is also provided by a stepping motor SMR 300/300 RI/24 (Nový Bor, Czechoslovakia).

The recording unit with a dot printer produces one dot on the recording paper for a certain number of pulses chosen in advance (relation of impulses 1 : 4, 1 : 10, 1 : 20, 1 : 40, 1 : 100 and 1 : 200).

Since the recording paper is located on the same carriage as the chromatogram, a true-to-scale dot distribution is formed on the recording paper. The density of the dot distribution corresponds to the activity distribution in the chromatogram. The recording thus corresponds to an autoradiography with a moderate resolution, but obtained in a much shorter period of time and without complicated handling, especially if ^{3}H is used as a tracer.

The 2π-detector is a gas-flow counter of special construction (constructed in our department, Fig. 5), with a design which offers maximum performance with respect to counting yield and background. The counting volume of the detector is limited at the side of the thin-layer plate by a movable multiple aperture diaphragm from Hostaphan foil. The diaphragm is held in place by screws so that it rests flat against the detector body. The aperture size (length 2 mm and width 2 mm) is constant.

Windowless and/or thin windowed diaphragms may be used. Windowless measurement is mandatory for the detection of ^{3}H, whereas a window may be used for all beta emitters without any important loss of the counting

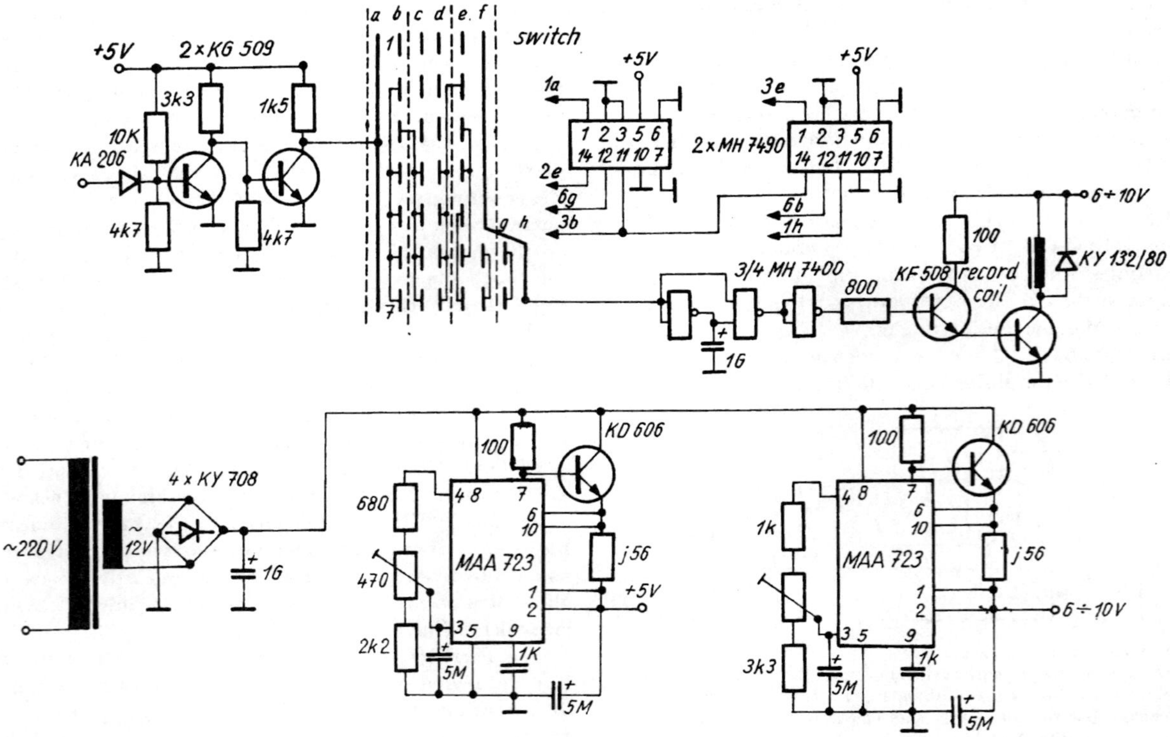

Fig. 3. Electrical scheme of the register

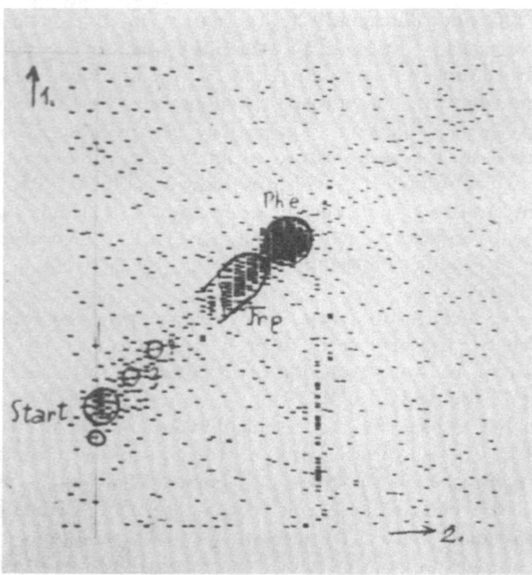

Fig. 4. Meander-shaped scanning of the paper chromatogram 1, 2 – direction of the two-dimensional paperchromatogram; Tr – ^{14}C-L-tryptophan; Phe-^{14}C-DL-phenylalanin; n-butylalcohol: ethylalcohol: CH_3COOH: H_2O = 8 : 2 · 1 : 3

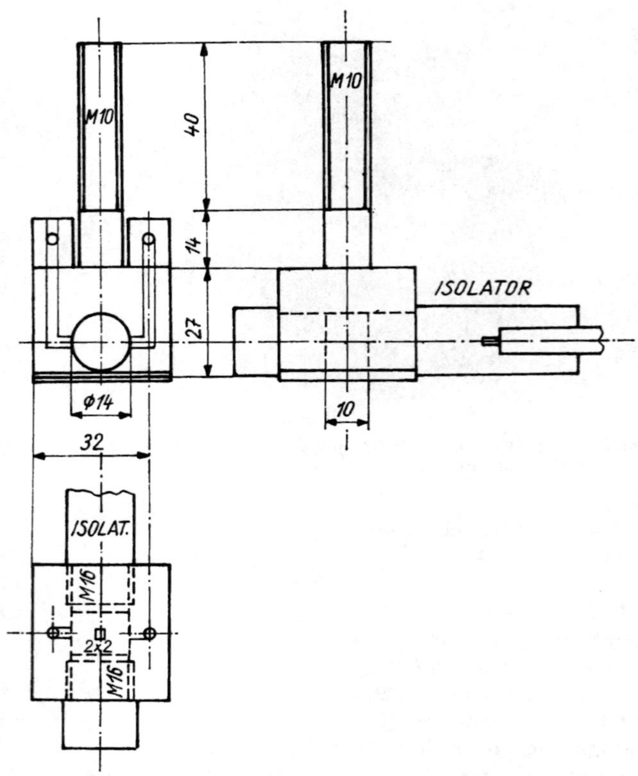

Fig. 5. 2π-counter

yield. In the case of multiple labelling, special diaphragms are available for very easy separation. The detector was designed to enable rapid of decontamination. It can be easily removed for cleaning the counter.

The pulses from the detector are amplified and fed to the shaping circuit and the divider of impulses (Fig. 9) containing two integrated circuits TTL-MH 7490. The divider of impulses is constructed in our department and is illustrated in Fig. 6.

The electrical system of panel controlling the transport unit for the radioactive sample and register paper is shown in Fig. 7. The blockscheme (Fig. 8) of the control panel outlines transport unit of the sample and recording paper, the changes of stepping movement unit of meander line motion.

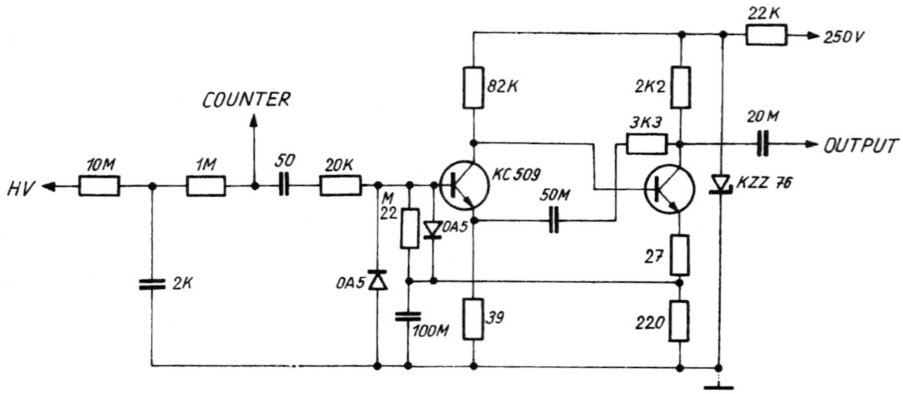

Fig. 6. Preamplifier

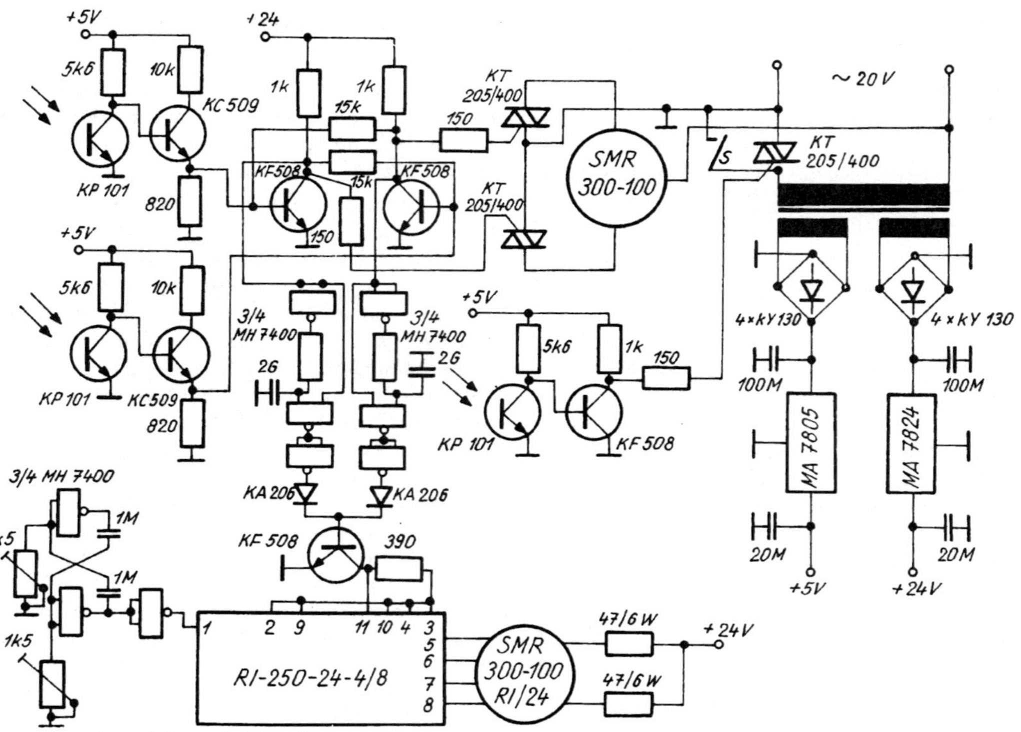

Fig. 7. Electrical system of the control panel

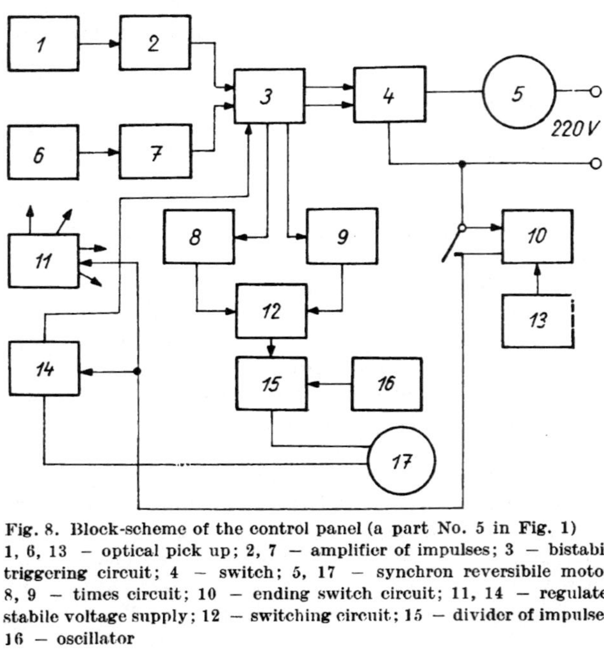

Fig. 8. Block-scheme of the control panel (a part No. 5 in Fig. 1)
1, 6, 13 – optical pick up; 2, 7 – amplifier of impulses; 3 – bistabile triggering circuit; 4 – switch; 5, 17 – synchron reversibile motor; 8, 9 – times circuit; 10 – ending switch circuit; 11, 14 – regulated stabile voltage supply; 12 – switching circuit; 15 – divider of impulses; 16 – oscillator

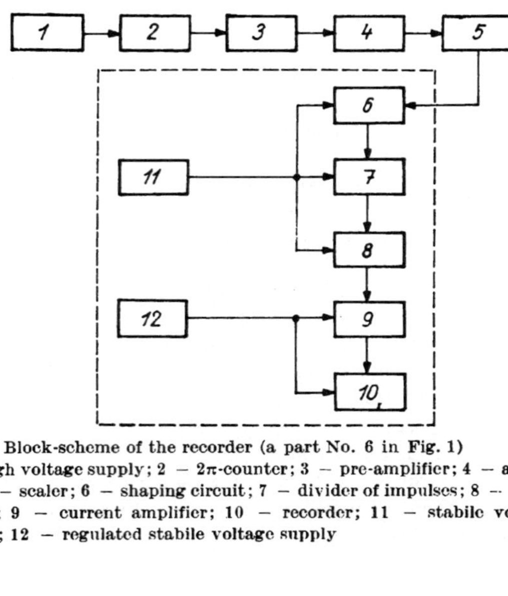

Fig. 9. Block-scheme of the recorder (a part No. 6 in Fig. 1)
1 – high voltage supply; 2 – 2π-counter; 3 – pre-amplifier; 4 – amplifier; 5 – scaler; 6 – shaping circuit; 7 – divider of impulses; 8 – times circuit; 9 – current amplifier; 10 – recorder; 11 – stabile voltage supply; 12 – regulated stabile voltage supply

Conclusion

The continuous evaluation of the thin-layer chromatograms and electropherograms of soft beta emitters, such as ^{3}H, ^{14}C, ^{35}S, is possible, in principle, with a gas flow counter. The sample plates or chromatograms can be scanned automatically on the described scanner equipped with the dot printer. Untill now, two dimensional chromatograms have been evaluated by X-ray films with autoradiography. The time necessary for exposure was rather long (with ^{3}H up to 3 months) and the quantitative evaluation was problematic using this technique. Proposed device consisting of the scanner and the dot printer is a better alternative for measuring of thin-layer plate radiochromatograms.

Received July 22, 1981

Tagungsberichte

Research Co-ordinated Meeting on Nuclear Methods for Health-Related Monitoring of Trace Elements Pollutants, 31. 8.—4. 9. 1981, Namur, Belgien

Die für den Erfahrungsaustausch und die Erarbeitung von Empfehlungen zur weiteren Anwendung kernphysikalischer Nachweismethoden für die Belastung mit medizinisch interessanten Spurenelementen von der IAEA organisierte Veranstaltung vereinigte 10 Wissenschaftler aus 10 Ländern.

S. M'Baku und *R. M. Parr* (IAEA) legten die Ergebnisse des Laboratoriumsvergleichs der Elemente im Referenzmaterial HH-1 vor.

W. E. Kollmer et al. (BRD) benutzten inaktives und markiertes Cd zur Untersuchung des Cd-Transportes im Tierkörper und zeigten Beispiele für Haarkontaminationen bei Tierexperimenten.

A. S. Paschoa et al. (Brasilien), *G. Deconninck* (Belgien) und *A. A. Katsanos* et al. (Griechenland) wandten die teilcheninduzierte Röntgenstrahlungsemission (PIXE) zur Bestimmung von Spurenelementen im Haar an.

Quantitative Analysen erfordern noch weitere methodische Arbeit, die Mikrostrahltechnik ermöglicht die Feststellung und Lokalisierung von Inhomogenitäten.

G. Deconninck fand z. B. As-Anreicherungen bei gleichzeitiger Zn-Abreicherung.

I. Huber (Österreich) bestimmte einige Elemente mittels flammenloser Atomabsorptionsspektrometrie (AAS). Diese Methode wird als eine wertvolle Ergänzung zur Neutronenaktivierungsanalyse (NAA) angesehen, da sie für einige Elemente, die in relativ hohen Konzentrationen vorliegen, aber mit NAA nicht leicht zu bestimmen sind, besonders geeignet ist (Mg, Ca, Cd, Pb).

B. M. Lumu (Zaire) stellte erste Ergebnisse der Spurenelementbestimmung in Gewässern, Pflanzen und im Haar mittels NAA vor. In Kinghasa steht dafür ein Reaktor vom Typ TRIGA II zur Verfügung.

H. A. Das et al. (Niederlande), *A. Chatt* et al. (Kanada) und *S. Niese* et al. (DDR) stellten sowohl umfangreiche Untersuchungen über die Normalgehalte verschiedener Elemente im Haar als auch Ergebnisse über den Einfluß von beruflich bedingten Belastungen, Erkrankungen, Haarbehandlungen und des Territoriums vor. Das menschliche Haar zeichnet sich durch eine im Vergleich mit anderen Organen sehr homogene Verteilung der Elemente aus. Für viele Elemente reflektiert es den Gehalt im Körper. Der Gehalt von Zn und Cu ist über weite Teile der Erde relativ konstant, interessante territoriale Schwankungen weisen Se und I auf. Beruflich bedingte Belastungen wurden bisher vor allem bei F, Mn, As, Cd und Pb festgestellt. Vor der Verwendung des menschlichen Kopfhaares zur Diagnostik sind noch umfangreiche Untersuchungen erforderlich.

S. Niese

Eingegangen am 16. 12. 1981

1. Tagung der Sektion 3 der Ständigen Kommission Atomenergo des RGW für die Isotopenanwendung und Strahlentechnik

Vom 24. bis 27. März 1981 fand in Budapest die 1. Tagung der Sektion 3 der SKA des RGW für die Isotopenanwendung und Strahlentechnik statt, an der die Spezialistendelegationen der VRB, UVR, DDR, VRP, SRR, UdSSR, ČSSR und Vertreter des RGW-Sekretariats sowie der Internationalen Wirtschaftsvereinigung „Interatominstrument“ teilnahmen.

Die Gründung dieses neuen Arbeitsorgans erfolgte durch einen Beschluß der 39. Tagung der Ständigen Kommission des RGW für die Zusammenarbeit auf dem Gebiet der friedlichen Nutzung der Atomenergie. Ihr ging unter Federführung der DDR die einjährige Tätigkeit einer zeitweiligen Arbeitsgruppe für die Isotopenanwendung voraus, die sich in ihrer Arbeit auf die Ergebnisse eines 1978 in Leipzig stattgefundenen RGW-Symposiums zur Anwendung von Radioisotopenmethoden in der Industrie, einschließlich radiometrischer Geräte für die Prozeßkontrolle und -steuerung stützte.

Auf der Tagung wurde ein umfassendes Programm der wissenschaftlich-technischen Zusammenarbeit auf den Gebieten der Entwicklung, Verbesserung und Einführung von Isotopenmethoden, der Gerätekonzeption und der Strahlentechnik für die Anwendung in der Volkswirtschaft für den Zeitraum 1980—1986 erarbeitet. Dieses Programm umfaßt folgende Themen:

1. Verbesserung und Nutzbarmachung von Radioisotopenmethoden und technischen Mitteln zur Kontrolle und Automatisierung metallurgischer Prozesse.

Hierzu gehört u. a. die Entwicklung verbesserter Methoden zur Untersuchung von Prozessen der Herstellung von Gußeisen und Stahl, der Produktion und Verarbeitung von Buntmetallen und deren Legierungen und zur Kontrolle der Eigenschaften von Metallen und Legierungen.

2. Entwicklung neuer Methoden und der Gerätekonzeption für die Anwendung radioaktiver Indikatoren unter industriellen Bedingungen (z. B. Entwicklung von Methoden und der Ausrüstung zur Optimierung chemischer Großanlagen, zur Prozeßkontrolle bei der Herstellung von Baustoffen, Erarbeitung der Grundlagen für die Anwendung kurzlebiger Radionuklide als radioaktive Indikatoren).

3. Entwicklung von Radioisotopenmethoden und der Gerätekonzeption für die industrielle Kontrolle der Zusammensetzung von Materialien und von physikalischen Parametern technologischer Prozesse, d. h. Entwicklung autoradiographischer Methoden zur Erhöhung der Genauigkeit der Analyse unter industriellen Bedingungen, Entwicklung von Methoden der Röntgenfluoreszenzanalyse für die industrielle Anwendung, Weiterentwicklung von Dichte- und Feuchtemeßgeräten zur Prozeßkontrolle, Erarbeitung komplexer Methoden und der Geräte für die Ermittlung von Kohleeigenschaften u.s.w.

4. Entwicklung und Verbesserung von Radioisotopenmethoden und Mitteln für den Umweltschutz (Erhöhung der Effektivität bei der Reinigung industrieller und kommunaler Abwässer, Kontrolle der Luftverschmutzung durch Feststoffe, Gase, Aerosole und Entwicklung verbesserter Methoden und der Geräte zur Bestimmung geringer Konzentrationen an biologischen Schadstoffen).

5. Verbesserung der Methoden und Mittel für die Ermittlung der Effektivität der Anwendung der Isotopen- und Strahlentechnik in der Volkswirtschaft, wie Schaffung wissenschaftlich-technischer Voraussetzungen für Prognose und Planung der Isotopen- und Strahlentechnik, Aufbau einer Datenbank und Erarbeitung methodischer Grundlagen zur Ermittlung der Effektivität.

6. Verbesserung der Methoden und Gerätekonzeption für die Anwendung von Isotopen in Geologie, Geophysik und Hydrologie (z. B. Methoden für die Analyse der Isotopenzusammensetzung bei der Bestimmung von Erzlagerstätten und bei der Erkundung von Bodenschätzen und Schachtwasserquellen).

7. Entwicklung neuer strahlentechnologischer Anlagen u. a. zur Herstellung neuartiger Materialien, für die Steigerung der Fruchtbarkeit landwirtschaftlicher Kulturen und für den Umweltschutz.

8. Realisierung von Maßnahmen zur weiteren Vertiefung der Spezialisierung und Kooperation bei der Entwicklung der Gerätekonzeption auf dem Gebiet der Isotopen- und Strahlentechnik.

9. Organisation von Erfahrungsaustauschen, Demonstrationen, Probebetrieb usw. bei der Anwendung der Isotopen- und Strahlentechnik.

Die Methoden und Verfahren zur friedlichen Nutzung der Atomenergie werden dank ihrer Vielseitigkeit in vielen Bereichen der Volkswirtschaft angewendet und stellen ein wesentliches Rationalisierungsmittel, insbesondere in der Grundstoffindustrie dar. Sie liefern wichtige Ergebnisse für die Intensivierung der industriellen und landwirtschaftlichen Produktion und stimulieren die Entwicklung der Produktivkräfte aller Länder.

Aufgrund dieser Tatsachen besitzt die Realisierung des Programmes, das inzwischen von der 40. Tagung der Ständigen Kommission Atomenergo des RGW bestätigt wurde, vom Gesichtspunkt der hohen Effektivität der Anwendung neuer Methoden und technischer Mittel zur Prozeßanalyse, -kontrolle und -steuerung eine große Perspektive.

Vorrangig sind folgende Vorteile abzusehen: Einsparung wissenschaftlich-technischer Kapazität, Verkürzung von Entwicklungsfristen, Gewährleistung des Zugriffs zum wissenschaftlich-technischen know how in Form von Information, Geräte- und Verfahrensentwicklungen und Dokumentationen in anderen RGW-Ländern.

Die rasche Entwicklung und industrielle Einführung dieser Methoden erfordert die volle Ausnutzung der Vorzüge der internationalen sozialistischen Arbeitsteilung.

Das vorliegende Programm entspricht den Beschlüssen der XXXIII. Tagung des Rates für Gegenseitige Wirtschaftshilfe, insbesondere den Forderungen, „die Zusammenarbeit vor allem darauf zu richten, den wissenschaftlich-technischen Fortschritt allseitig zu beschleunigen und neue Technologien beschleunigt in die Produktion einzuführen".

J. Leonhardt und *B. Schlarbaum*

Eingegangen am 11. 1. 1982

Informationen

IAEA/USA. Die Internationale Atomenergie-Agentur (IAEA) veranstaltete gemeinsam mit der Kommission der Europäischen Gemeinschaften (CEC) und der Kernenergie-Agentur (NEA) der OECD ein Internationales Symposium über die Wanderung langlebiger Radionuklide aus dem nuklearen Brennstoffkreislauf in der terrestrischen Umwelt, das vom 27. bis 31. Juli 1981 in Knoxville (USA) stattfand und an dem rund 150 Vertreter aus 24 Ländern und von 4 internationalen Organisationen teilnahmen.

Kenntnisse über das Verhalten — insbesondere über die Wanderung — langlebiger Radionuklide in der Umwelt sind von großer Bedeutung hinsichtlich der Endlagerung radioaktiver Abfälle. Aktuelle Untersuchungen über Verbreitung und Verhalten von Radionukliden, einschließlich langlebiger, in der Umwelt, ihre Aufnahme in den biologischen Kreislauf und ihren Durchtritt durch Gesteine und Erdschichten standen im Mittelpunkt des Symposiums.

Es wurden erste Ergebnisse einer gemeinsamen brasilianisch-amerikanischen Studie über die Mobilität von Thorium am Morro do Ferro vorgelegt. Dieser Berg im Staat Minas Gerais enthält ein 20000 t umfassendes, etwa 80 Millionen Jahre altes, stark verwittertes Thoriumlager. Messungen der ungefähren jährlichen Mobilitätsrate des Thoriums an diesem Lager haben ergeben, daß die Wanderbewegung im Erdreich weniger als ein Millimeter pro Jahr beträgt. Da Thorium und Plutonium unter bestimmten Umwelteinflüssen chemisch sehr ähnlich reagieren, kann diese Studie zum weiteren Verständnis beitragen, mit welcher Geschwindigkeit sich Plutonium von einem nuklearen Endlager nach einem Einbruch von langsam fließendem Grundwasser fortbewegen könnte.

Eine andere Untersuchung beschäftigte sich mit dem Ergebnis von Messungen der Verbreitung von ^{226}Ra im Schwarzwald (BRD) sowie mit dem radioökologischen Verhalten von Radium. Radioökologische Daten über Radium, die zwischen 1898 und 1979 veröffentlicht worden sind, wurden verglichen, Nahrungsmittel aus dem Schwarzwald wurden eingehend untersucht.

In einem Vortrag über „Die Bedeutung von kleinsten Teilchen bei der unterirdischen Wanderung von Abfallstoffen" wurde dargelegt, daß Schwebstoffe aus Ton viele Arten von Radionukliden, die in wasserlöslichen Verbindungen auftreten, d. h. unter Umständen, die das Auswaschen von Abfällen simulieren, in einem verhältnismäßig großen Umfang adsorbieren können.

Schweiz. Die Eidgenössische Kommission für Strahlenschutz (EKS) hat den Jahresbericht 1980 der Arbeitsgruppe Personendosimetrie verabschiedet. Aus dem Bericht geht hervor, daß 1980 die Zahl der beruflich strahlenexponierten Personen in der Schweiz 42174 betrug (1979: 41280). Die mittlere Strahlenbelastung pro Person lag bei 51 mrem; das ist 1% des höchstzulässigen Wertes von 5 rem/a. 65% der strahlenüberwachten Personen (27408) arbeiten in medizinischen oder zahnmedizinischen Einrichtungen. Bei ihnen betrug die durchschnittliche Strahlenbelastung 25 mrem. Beim Kernkraftwerkspersonal (1915 Personen) wurde eine mittlere Dosis von 462 mrem gemessen. Es gab keine Überschreitung der maximal zulässigen Strahlendosis.

In einem Bericht der 1980 von der EKS eingesetzten Studiengruppe zur Untersuchung der somatischen bzw. genetischen Wirkung kleinster Dosen ionisierender Strahlung wird festgestellt, daß auch nach dem neuesten Stand der strahlenbiologischen Erkenntnisse die berufliche Strahlenbelastung im Kernkraftwerks- und medizinischen Bereich zu keinerlei Bedenken Anlaß gibt (nach SVA-Bulletin 13/1981).

UdSSR. Nummer 6/1981 der Zeitschrift „Atomnaja energija" enthält u. a. folgende Beiträge:

Die Rolle der Atomenergie im energetischen Komplex des Landes (*A. M. Petrosjanz, B. B. Baturow*);
Untersuchung der Resonanzabsorption von Neutronen im Brennstoff eines Graphit-Hochtemperaturreaktors (*A. W. Buschujew* u. a.);
Zur Methodik des Vergleichs von nuklearen energietechnologischen Anlagen (*G. P. Werchiwker, W. P. Krawtschenko*);
Spektrometrie der Pluralität (*G. W. Muradjan*);
Winkelverteilungen von durch Nickelisotope elastisch und nichtelastisch gestreuten Neutronen mit Energien von 5—7 MeV (*I. A. Korsh* u. a.);
Ein Projekt für Neutrinoexperimente am Reaktor (*A. W. Derbin* u. a.);
Prognostizierung des Einflusses der Art des Verdünnungsmittels auf das Extraktionsgleichgewicht (*W. S. Schmidt, K. A. Rybakow*).

Kurze Originalmitteilungen:

Verringerung des Auswurfs radioaktiver Gase des Reaktors WWR-M in die Atmosphäre (*J. A. Konowalow* u. a.);
Hitzebeständigkeit des niedriglegierten Stahls 10Cr2Mo in Natrium mit NaOH-Verunreinigungen bei 500 °C (*O. W. Starkow* u. a.);
Zur Berechnung der Empfindlichkeit der Methode der Halbleiter-Gammaspektrometrie (*W. P. Kermanow, S. I. Rjabuschenko*);
Ausbeuten an ^{105}Ag, ^{106m}Ag, ^{108m}Ag, ^{110m}Ag und ^{111}Ag bei Reaktionen mit Protonen, Deuteronen und Alphateilchen (*P. P. Dmitrijew* u. a.);
Untersuchung der Komplexbildung von Pu(IV) mit Sulfationen (*A. S. Solowkin* u. a.);
Lichtimpuls-Radionuklidquellen (*O. P. Sobornov, O. P. Stscheglow*).

Belgien. Das belgische Parlament will darüber debattieren, ob die seit 1974 stillgelegte Wiederaufarbeitungsanlage für abgebrannte Kernbrennstoffe der Eurochemic in Mol wieder in Betrieb genommen werden soll. Im Falle einer positiven Entscheidung wird damit gerechnet, daß sich an dem Unternehmen wieder mehrere Staaten beteiligen werden. 50% der Anteile hätte die belgische Regierung zu übernehmen.

Großbritannien. In den Windscale-Laboratorien wurde eine Methode zur Messung der Lichtdurchlässigkeit von Schutzgläsern für die Fenster heißer Kammern ausgearbeitet. Bekanntlich verlieren alle Arten von Glas, darunter auch solche aus Zinkbromid, durch Strahlen- und andere Einwirkungen an Transparenz. Auf Grund seiner großen Adaptionsfähigkeit ist das menschliche Auge nicht in der Lage, eine beginnende Verschlechterung der Lichtdurchlässigkeit von Abschirmgläsern festzustellen, wodurch eine rechtzeitige prophylaktische Behandlung des Glases zwecks Wiederherstellung der ursprünglichen Transparenz erschwert wird. Die neue Methode ermöglicht die Messung der Lichtdurchlässigkeit von Abschirmgläsern mit Hilfe einer relativ einfachen Apparatur, die sich außerhalb der heißen Kammer befindet. Das einzige Teil der Meßanlage, das sich innerhalb der Kammer befindet, ist ein Spiegel mit Aluminiumbeschichtung, der mittels eines Manipulators an das Glas gedrückt wird. Ein intensiver Strahl weißen Lichtes aus einer tragbaren Lampe wird durch das Glas auf den Spiegel gerichtet, von diesem zurückgeworfen und trifft dann auf einen lichtempfindlichen Analysator. Dieses Verfahren ermöglicht es, Veränderungen der Lichtdurchlässigkeit von 5—10% festzustellen, wozu das menschliche Auge nicht fähig ist. Durch die Anwendung dieser Meßmethode können die Arbeitsbedingungen der Operatoren an heißen Kammern verbessert werden.

Großbritannien. Die Fa. British Nuclear Fuels Ltd. (BNFL) hat ein umfangreiches Entwicklungsprogramm auf dem Gebiet der Kernenergetik für den Zeitraum 1981 bis 1990 aufgestellt, dessen Realisierung Aufwendungen in Höhe von ca. 3300 Mill. £ erfordert. Die wichtigsten Vorhaben im Rahmen dieses Programms sind:

- Ausarbeitung des Projekts „Thorp" (Anlage für die Wiederaufarbeitung abgebrannten UO_2-Brennstoffs aus PWR) und Inbetriebnahme der Anlage 1989/90
- Forschungsarbeiten im Zusammenhang mit dem Thorp-Projekt
- Ausarbeitung der Technologie und Errichtung einer Anlage für die Wiederaufarbeitung des Brennstoffs der Magnox-Reaktoren
- Erweiterung der Anlage für die Urananreicherung nach dem Zentrifugenverfahren in Capenhurst
- Rekonstruktion und Vervollkommnung der Anlage in Springfields für die Herstellung von Brennstoff für die AGR-Reaktoren.

USA. Die Verfestigung radioaktiver Rückstände mit eisenhaltigem Basalt wird im Idaho National Engineering Lab. (INEL) untersucht. Mit Eisen angereicherter Basalt ist geeignet, hochaktive Abfälle und Transuranelemente zu binden, wobei durch den Eisenzusatz geringere Auslaugraten und eine wesentlich verminderte Wanderung der Nuklide im Endlagerungsprodukt im Vergleich mit Naturbasalten bewirkt werden sollen.

USA. Unter Leitung des Ministeriums für Energie wurden Arbeiten zur Errichtung eines Werkes für die Urananreicherung nach dem Gaszentrifugenverfahren auf dem Gelände der Gasdiffusionsanlage von Portsmouth (Bundesstaat Ohio) begonnen. Das Werk soll eine Jahresproduktion von 2210 t angereichertem (2,85% ^{235}U) und 9260 t abgereichertem (0,2% ^{235}U) Uran besitzen. Eine Erhöhung des Anreicherungsgrades auf 3,6% ^{235}U ist möglich. Um noch höhere Anreicherungsgrade zu erreichen, kann dieses Uran in Gasdiffusionsanlagen eingesetzt werden. Mitte der 80er Jahre soll die Gaszentrifugenanlage in Betrieb gehen.

Japan. Zur genaueren Abschätzung der Strahlenbelastung der Umwelt entwickelte die Fa. Electric Power ein automatisches System für die kontinuierliche Registrierung und Identifizierung der radioaktiven Produkte in den Abgasen von Kernenergieanlagen. Bei dem bisher vorhandenen Meßsystem dienten Ge(Li)- und/oder Na(Tl)-Detektoren zur Registrierung der Gammastrahlung der Radionuklide, die über die Schornsteine der Kernkraftwerke ausgeworfen wurden. In den Abgasen befinden sich aber auch betastrahlende Radionuklide, deren Identifizierung und Messung notwendig ist. Das neue Meßsystem ermöglicht die kontinuierliche Kontrolle der wichtigsten Betastrahler (^{3}H, ^{14}C, ^{85}Kr) mit einer Empfindlichkeit von $3{,}7 \times 10^{-6}$ Bq/cm^3. Nach der Laborerprobung wurde das System erfolgreich im Kernkraftwerk Hamaoka (zwei Leichtwasser-Siedereaktoren mit 540 bzw. 840 MW Leistung) eingesetzt, wo es ein Jahr lang in Betrieb war.

Australien. In Australien wurde zur Vorbereitung des Baus einer Uran-Konversionsanlage (Umwandlung von Uranoxid in Uranhexafluorid) ein Studienkonsortium gebildet, in dem drei Industriefirmen (darunter die British Nuclear Fuels Ltd.) und die australische Regierung vertreten sind. Dieses Vorhaben wird mit den Absichten Australiens bezüglich der Errichtung einer eigenen Urananreicherungsanlage auf der Basis des Gaszentrifugenverfahrens in Zusammenhang gebracht.

Buchbesprechungen

Biochemie

Ein Lehrbuch für Studierende der Medizin, Biologie und Pharmazie

K. Jungermann, H. Möhler, Berlin — Heidelberg — New York: Springer 1980. 733 S., 665 Abb., 149 Tab.; gebunden DM 98,—

Übungen und Prüfungsfragen Biochemie

Begleittext zum Lehrbuch Biochemie

K. Jungermann, H. Möhler. Springer 1980. 229 S;. geheftet DM 19,80

Das Lehrbuch Biochemie gliedert sich in 3 große Gebiete: Einführung in die Stoffwechselbiochemie (S. 1—86), Stoffwechsel der Energieversorgung (S. 87—388) und Stoffwechsel der Arbeitsleistung (S. 389—714). Diese Gebiete werden weiter in insgesamt 12 Kapitel unterteilt. Wenn man das Buch zum ersten Mal in der Hand hält und sozusagen einmal anblättert, hat man recht bald den Eindruck, etwas Neues in dieser Art in der Hand zu haben. Warum? Es wird versucht, die vielen biochemischen Prozeßabläufe durch mehrfarbige Hervorhebungen für den Leser deutlich und einprägsam zu machen. Jedes Kapitel ist in einen Teil, der den normalen, gesunden Abläufen gewidmet ist, und in einen, der die kranken, pathobiochemischen Abläufe zum Gegenstand hat, unterteilt. Schließlich wird der Leser fast auf jeder Seite durch eine großzügige und gelungene Raumaufteilung auf das Wesentliche der Aussage gelenkt. So kann man mit wenigen Blicken den biochemischen Syntheseweg beispielsweise der Pyrimidin- und Purinnucleotide (S. 472—75) durch unterschiedliche Farbgebung der einzelnen Bausteine „bequem" verfolgen. Dazu kommt, daß die vielen üblichen und manchmal auch weniger üblichen Abkürzungen zu jeder Abbildung aufs neue zusammengestellt werden — das störende Aufsuchen in den meist unvollständigen Abkürzungsverzeichnissen kann wegfallen. Jedem Kapitel ist außerdem noch eine Zusammenfassung vorangestellt, so daß sich der Leser schnell informieren kann, was behandelt werden soll oder behandelt wurde und möglichst auch erlernt werden sollte.

Einige wenige Druckfehler oder Flüchtigkeitsfehler können leicht ausgemerzt werden: das H-Atom in 4-Stellung der β-D-Glucose auf S. 11 sollte eingezeichnet werden wie bei der β-D-Galaktose auf derselben Seite, auf S. 43 ist die Bindung in 5-Stellung der Neuraminsäure wohl aus drucktechnischen Gründen etwas ungeschickt, auf S. 543 ist die H-Bindung in 5-Stellung des Chenodesoxycholyl-CoA eine H(β)-Bindung, und auf S. 559 fehlen die OH-Gruppen des Cortisols und des Tetrahydrocortisols in 11-Stellung. Die Schreibweise chemischer Verbindungen sollte nach Möglichkeit einheitlich sein, z. B. Östradiol, S. 557, und Oestradiol, S. 54, 563 oder Methämoglobin und Met-Hämoglobin auf S. 148. Im Inhaltsverzeichnis S. 729 ist Propranolol gemeint. Den Äthylalkohol sollte man möglichst den IUPAC-Empfehlungen entsprechend als Ethanol schreiben, was auch besser die übliche Abkürzung EtOH (S. 174) und nicht ÄtOH (S. 338) verständlich macht. Der Autor *Daniel Mazia* heißt auf S. 405 *Mazda*.

Die Maßeinheiten werden verschieden angewendet; entweder die SI-Einheit, gemeinsam mit der bisherigen SI-fremden Einheit (mmHg/kPa, S. 555 und kcal/J, S. 123) oder nur die SI-fremde Einheit (kcal, S. 104.)

Die Literatur ist mit insgesamt 614 Zitaten erfaßt, hauptsächlich weiterführende Literatur (Lehr- und Handbücher). Den Hauptanteil (53,75%) nehmen Zitate aus den Jahren 1974–1979 ein, das älteste Zitat ist aus dem Jahre 1941, und nur einige wenige Zitate entstammen den 50er Jahren. Das Kapitel 8 „Bildung und Erhaltung von Zell- und Organstrukturen" ist literarisch am stärksten untermauert (25,7%), während beispielsweise das Kapitel 10 „Biologische Abwehr" nur rund 6% der Literaturstellen ausmacht, was aber bei dem zu umspannenden Themenkreis Biotransformation, Immunantwort, unspezifische Abwehr und Blutungsstillung wohl kaum gerechtfertigt ist. Zu künftigen Neuauflagen des Lehrbuches dürften sowohl eine Aktualisierung der Literatur als auch eine Aufstockung in einzelnen Kapiteln zu erwarten sein. Im Sinne auch eines Nachschlagewerkes sollte das Inhaltsverzeichnis ergänzt werden, beispielsweise werden Pro- bzw. Eukaryonten auf den S. 400–402, 405–407, 409, 421, 422 erwähnt, aber nicht im Inhaltsverzeichnis, gleiches gilt für Oestradiol, S. 557, Carboanhydrase, S. 376, cAMP, S. 674, Cortisol, S. 559, und RIA, S. 576 und nicht S. 577, wie das Inhaltsverzeichnis aussagt.

Die kleine und handliche Schrift „Übungen und Prüfungsfragen Biochemie" ist für sich überzeugend; der Lernende kann sich selbst bei vielen geeigneten Gelegenheiten prüfen. Es werden 5 verschiedene Fragetypen angewendet, die auf den S. IX–XI an Beispielen erläutert werden. Wenn man sich an diese Art der Selbstbefragung noch nicht gewöhnt hat, dann ist allerdings ein häufiges Nachschlagen nach dem jeweiligen Fragetyp und seinen Abkürzungen erforderlich. Es wäre besser, wenn in der Art eines Lesezeichens diese Fragetypen A ... E und die entsprechenden Antworttypen aufgeführt wären, um das anfänglich ständige Nachschlagen zu vermeiden.

An dem Lehrbuch Biochemie haben neben den Verfassern *Jungermann* und *Möhler* noch 15 weitere Autoren mitgearbeitet – ausnahmslos aus dem Bereich der Klinischen Medizin, die auch die Verfasser der pathobiochemischen Unterabschnitte sind.

Damit wurde ein unmittelbarer Bezug zur Anwendung geschaffen, wie überhaupt das ganze Werk nie die Grenzen des Spekulativen streift oder gar überschreitet. Die verwendeten riesigen Fremdwörter, wie sie in der Biochemie üblich sind, werden transparent dargestellt. Ein sehr gutes Lehrbuch eines streckenweise nicht einfachen Gebietes, das von Autoren verfaßt wurde, die sehr um Klarheit und Verständnis bemüht sind.

H. Hübner

Biomaschine Mensch

Normales Verhalten — Gestörte Funktion — Krankheit

R. F. Schmidt. München – Zürich: Piper & Co. 1979; 452 S., 74 Tafeln, DM 44,–

Eine Metapher wird in Poesie und emotioneller Prosa oft als stilistisches Mittel verwendet. Sie als Überschrift einer naturwissenschaftlich begründeten Physiologie des Menschen zu verwenden, signalisiert eine bestimmte Absicht des Autors, wie es im Vorwort heißt. Es ist sein wohlgelungenes Anliegen, die vielen aufgedeckten Gesetzmäßigkeiten und Wirkungsweisen über die Physiologie des Menschen den Mitmenschen leicht verständlich und durchschaubar nahezubringen. Zum Verständlichen: Es wird keinerlei spezielle (Aus-)Bildung vorausgesetzt; zum Durchschaubaren: Es wird versucht, den Menschen als Ganzes und als Teil der Natur in seinem ungestörten und gestörten (krankhaften) biologischen Geschehen darzustellen. Dabei erleichtern es viele Querhinweise, den komplexen Charakter zu überschauen, aber auch Hinweise der Art: „. . . . bitte selbst versuchen . . ., bitte ausprobieren . . ., wenn Sie sich zum Beispiel . . ., füllen Sie eine Schale . . ., wenn Sie Ihren Biceps spannen . . ." u. a. m. ermuntern den Leser des Buches, sich selbst zu erkennen.

Das Buch ist in 21 Kapitel eingeteilt, die eine solche Länge haben (im Mittel 15 Seiten), daß sie in einem Zuge gelesen werden können. Den Hauptteil nehmen neuro- und sinnesphysiologische Gebiete ein, die aber durchaus häufig bewußt verlassen werden und die zu eng gezogenen fachlichen Grenzen überschreiten, wie z. B. Sprache bei Tieren?, Psychochirurgie, Sterben und sterben lassen u. a.

Einige Ungenauigkeiten sollten in folgenden Auflagen vermieden werden: Radioaktive Strahlung wird auf S. 39 im Zusammenhang mit elektromagnetischer Strahlung genannt; auf S. 409 ist der Zahlenbereich von $\pm 1 \times 10^{-99}$ bis $\pm 9{,}999\ldots \times 10^{99}$ eines Taschenrechners gemeint und nicht sein Stellenbereich; bei dem r^4-Gesetz auf S. 94 sollten die Namen *Hagen* und *Poisseuille* doch mit genannt werden und sei es nur als Erinnerung an eine einstige schulische Ausbildung in Physik; auf S. 122 sollte der respiratorische Quotient eingeführt werden, denn sonst wird einem Chemiker nicht klar, warum aus 300 ml O_2 nur rund 250 ml CO_2 bei der Verbrennung von Nahrungsmitteln entstehen, und schließlich möchte man die kategorisch formulierte Behauptung (S. 81), daß der Blutdruck nur in mm Hg angegeben werden kann, bei dem weltweiten Bemühen um Einführung der SI-Einheiten vermeiden (ich kenne selbst Blutdruckmesser, die bereits in SI-Einheiten geeicht sind). Die radioaktive Strahlung und ihre Wirkung auf den Menschen wird im Zusammenhang mit Atombombenexplosionen und Reaktorunfällen an mehreren Stellen gestreift (S. 39, 40, 57, 60, 66). Demgegenüber wird die elegante Methode der Anwendung von ^{133}Xe in der Gehirnphysiologie (S. 299) als völlig unschädlich dargestellt. Es sollte doch deutlich gemacht werden, daß eine schwache β, γ-Strahlung eines Nuklids mit kurzer Halbwertszeit unvergleichlich anders wirkt als ein inkorporierter α-Strahler mit langer Halbwertszeit („Giftigkeit" des gefürchteten Pu). Vielleicht wären überhaupt die nuklearmedizinischen Methoden in der Therapie und Diagnose (RIA-Nobelpreis 1977) ein leichter Einstieg in dieses Gebiet.

Man liest das Buch mit großem Vergnügen und lernt leicht sich selbst besser zu verstehen und sein Inneres zu begreifen. Es dürfte einem weiten Leserkreis gewiß die gegenwartstypischen Fragen: „Wie funktioniert denn das?" oder „Warum ist das so?" beantworten. Die guten Abbildungen wirken verstärkend bei diesem Erkenntnisprozeß mit. *Lamettrie*, der einstige Vorleser Friedrichs II. von Preußen, würde verwirrt sein von dem, was wir nach 233 Jahren unter einer „Maschine Mensch" verstehen.

H. Hübner

Significance of mineralogy in the development of flowsheets for processing uranium ores

Technical Reports Series No. 196

Vienna: IAEA 1980; 265 S.; Pappband Austr. Schill. 390,–

Von den mineralogischen Verhältnissen eines Erzes hängt in starkem Maße die Wahl des Verarbeitungsverfahrens und seine Wirtschaftlichkeit ab. Sobald die Eignung eines Erzes zur wirtschaftlichen Urangewinnung untersucht werden soll, ist die Kenntnis seiner mineralischen Zusammensetzung und des Verhaltens der einzelnen Bestandteile unter den verschiedenen Einwirkungen besonders wichtig. Da Gesteine und die in ihnen enthaltenen Erze in Zusammensetzung und Textur oft starken Schwankungen unterworfen sind, kann ein bestimmter Verfahrensgang nicht für alle Zeit für das Erz eines bestimmten Vorkommens angewandt werden. Vielmehr ist es notwendig, ständig die möglichen Änderungen der mineralischen Eigenschaften zu beobachten und das Verfahren den Veränderungen möglichst anzupassen.

Diese allgemein anerkannten Grundsätze sind für die Verarbeitung von Uranerzen von besonderer Wichtigkeit, weil das Uran eine Vielzahl von Mineralen bilden kann, die den wechselnden geochemischen Bildungsbedingungen entsprechen. Demzufolge können in ein und derselben Lagerstätte verschiedene Minerale auftreten, die jeweils in verschiedener Weise aufgeschlossen und verarbeitet werden müssen.

Da auf diesem Gebiet in den letzten Jahrzehnten beträchtliche Erfahrungen gesammelt wurden, hat die IAEA nach entsprechenden Vorarbeiten (Processing of low grade uranium ores 1967; The recovery of uranium 1970; Uranium Ore Processing 1975) nun durch eine Gruppe von 6 Fachleuten die vorliegende Darstellung schreiben lassen.

Der erste Teil gibt einen Überblick über die Mineralogie und Metallurgie des Urans. Dabei werden sowohl die in der industriellen Praxis bewährten Verfahren als auch neuere technologische Entwicklungen dargestellt.

Der zweite Teil zeigt an ausgewählten Beispielen den Zusammenhang von Mineralogie und Metallurgie. Es werden beschrieben: Erze in Sandsteinen, Quarz-Geröll-Konglomerate, Ganglagerstätten, Vorkommen in Graniten, Pegmatite, Schiefer, Lignite, Calcrete, Phosphorite, Meereswasser.

Im dritten Teil werden tabellarische Übersichten über 76 Vorkommen und Verarbeitungswerke gegeben, in denen die wichtigsten mineralogischen und technologischen Merkmale zusammengestellt sind (z. B. Gehalt des Fördergutes, Produktionsumfang, Typ des Vorkommens, uranführende Minerale, Gewinnungsverfahren, Voranreicherung, Zerkleinerung, Laugung, Trennung, Fällung, Art des Endproduktes). Diese Tabellen geben einen guten Einblick in den international erreichten Stand der Technologie, die so verschiedenartige Erze mit Erfolg zu verarbeiten versteht.

Die Veröffentlichung wird von Fachleuten dieses Gebietes sicher als wertvolle Hilfe anerkannt werden.

K. H. Köhler

Atomspheric Dispersion in Nuclear Power Plant Siting

A Safety Guide, Safety Series No. 50-SG-S3

Wien: IAEA 1980; 107 S., 16 Abb., 15 Tab., 120 Lit.; kartoniert ÖS 168.—

Der Disposition und dem Inhalt nach könnte man diese Schrift für jede Art von Umweltbelastungen durch gasförmige Schadstoffe sehen: Es werden die luv- und leeseitigen Voraussetzungen bei der Sammlung von Daten behandelt, einschließlich der Charakterisierung der jeweiligen meteorologischen Situation (Wind, Turbulenzen, Niederschläge und Luftfeuchte) und der Geländebesonderheiten (unebenes Gelände, Küstennähe). Den Hauptteil der Schrift nehmen die Dispersionsmodelle bei atmosphärischen Ausbreitungen ein (44 S.), wobei die einzelnen Modelle miteinander verglichen und Verfahren der Modellanpassung dargestellt werden. In einem Anhangteil werden u. a. Beispiele für vereinfachte Modelle gegeben und Angaben über die Abhängigkeit der Konzentration von den Zeitintervallen der Probennahme gemacht. Ein kurzes Glossar einiger wichtiger Begriffe bildet den Abschluß dieses Büchleins. Da bei dem für Sicherheitsanlagen in Kernkraftwerken zuständigen Personal nur bedingt Kenntnisse in der Meteorologie vorausgesetzt werden können, ist diese Schrift als Lehrmaterial gedacht und sehr geeignet, einen guten Überblick in dieser Hinsicht zu vermitteln.

H. Hübner

Separation, Storage and Disposal of Krypton-85

Technical Reports Series No. 199

Wien: IAEA 1980; 66 S., 24 Abb., 5 Tab., 48 Lit.; kartoniert Austr. Sh. 110,—

Vom 23.—27. 10. 1978 fand in Wien ein Technical Committee Meeting statt, das von der IAEA einberufen wurde und der Abtrennung oder Lagerung und dem Transport von Krypton-85 gewidmet war. An dem Treffen nahmen 14 Wissenschaftler aus 9 Ländern teil; ferner waren die CEC und die IAEA vertreten. Der Bericht über diese Zusammenkunft liegt nunmehr in gedruckter Form vor. Den Hauptteil (40 S.) nehmen die möglichen und angewendeten Methoden zur Abtrennung von ^{85}Kr aus Kernreaktorabgasen und Abgasen von Wiederaufbereitungsanlagen ein. Dabei werden Versuchsanlagen bzw. projektierte Anlagen, wie sie in den einzelnen vertretenen Ländern betrieben werden, vorgestellt. Die unterschiedlichen Methoden der Konditionierung des ^{85}Kr-Gases einschließlich der möglichen Korrosionsprobleme werden behandelt; für den Transport der Behälter werden die bestehenden Vorschriften und Empfehlungen aufgeführt. Abschließend werden die Voraussetzungen behandelt, die von einer Deponie in bestimmten geologischen Formationen oder in der Tiefsee erfüllt sein müssen. Die Belastung der Bevölkerung durch ^{85}Kr aus den Abgasen von Kernanlagen ist verhältnismäßig gering, sollte aber doch vermieden werden. Kryotechnische Verfahren zur Abtrennung werden gegenwärtig bevorzugt; obwohl man seit Jahrzehnten die technische Luftverflüssigung beherrscht, müssen im vorliegenden Falle doch Besonderheiten beachtet werden, wie beispielsweise die Bildung von Ozon aus O_2 durch die Kernstrahlung des ^{85}Kr.

Die vorliegende Schrift reiht sich nahtlos in die einschlägigen Technischen Berichte der IAEA ein und sollte in den kerntechnischen Institutionen und Industriezweigen als Übersicht über internationale Erfahrungen auf diesem Gebiet beachtet werden.

H. Hübner

Manpower Development for Nuclear Power

A Guidebook, Technical Reports Series No. 200

Wien: IAEA 1980; 492 S., 50 Abb., 54 Tab.; kartoniert ÖS 720,—

Unter einem Guidebook versteht man im Alltag einen Reiseführer; ein solcher Führer liegt hier für den Bedarf an Arbeitskräften beim Aufbau von kerntechnischen Anlagen vor. Er wurde von einer Beratergruppe der IAEA zusammengestellt, die aus 30 Teilnehmern bestand und die insgesamt dreimal tagte — im Kuala Lumpur (Malaysia) vom 9. 10. – 12. 10. 1978 und in Wien vom 4. 5. bis 1. 6. 1979 und vom 19. 11. – 30. 11. 1979. Die Berater vertraten 12 Länder.

Das Buch ist in 3 Hauptabschnitte eingeteilt: der Bedarf an Arbeitskräften (183 S.), die jeweiligen nationalen Beteiligungen an der Entwicklung der Arbeitskräfte (146 S.) und die Entwicklung des Arbeitskräftebedarfs bei der Ausführung eines Kernenergieprogrammes (126 S.). Eine bibliographische Zusammenstellung (mit 193 Hinweisen) von wichtigen Materialien, Verordnungen und Gesetzen über dieses Gebiet, ein Verzeichnis der Teilnehmer und ein Inhaltsverzeichnis ergänzen diese Schrift.

Der Akzent der gesamten Schrift liegt auf dem zeitlichen Ablauf, auf der Entwicklung des Arbeitskräftebedarfes. Dabei beginnt der count-down schon mit dem Zeitpunkt der Entscheidung, eine kerntechnische Anlage zu bauen, also schon 10 bis 14 Jahre vor Inbetriebnahme der Anlage.

Die erforderlichen Arbeitskräfte für die verschiedenen Zeitabschnitte bei der Erstellung der Anlage werden natürlich noch differenziert aufgeschlüsselt (Qualifikationen, Erfahrungen und evtl. zusätzliche Qualifikationsmaßnahmen). Während zum Zeitpunkt der Entscheidungsfindung zunächst nur 25 ... 35 Fachleute auf diesem Gebiet benötigt werden, steigt diese Zahl auf rund 5000 Beschäftigte im Ablauf der Projektausführung an und sinkt dann wieder auf eine Zahl von 170 bis 270 Beschäftigte, die den laufenden Betrieb der fertiggestellten Anlagen sichern. Von den fiktiven Anlagen werden Leistungen zwischen 600 und 1.300 MW(e) vorausgesetzt. Natürlich können diese Angaben in einzelnen Ländern sehr unterschiedlich sein, je nachdem, welches weitgefächerte Hinterland eine Kernindustrie hat, also einschließlich Uranium-Bergbau, Anreicherung, Wiederaufbereitung u. a. m.; als Beispiel wurde Frankreich mit 100.000 – 200.000 Beschäftigten in der Kernindustrie angegeben, wie überhaupt diese Schrift sich durch viele Angaben über Erfahrungen der einzelnen Länder auf diesem Gebiet auszeichnet; explizite Berichte liegen vor aus: Brasilien, Frankreich, Indien, Republik Korea, Philippinen, Spanien und den USA. Von den mehr personellen Problemen werden Gehaltssysteme, Anerkennungen, Migrationen und Fluktuationen nicht ausgespart.

Die Schrift ist von erfahrenen Praktikern auf dem Gebiet des Aufbaues und der Entwicklung von kerntechnischen Anlagen in verschiedenen Ländern verfaßt worden und richtet sich an all die angehenden Verantwortlichen, die mit dem Aufbau einer Kerntechnik befaßt sind oder sein werden. Sie können viel Nützliches aus dieser Schrift erfahren und auf ihre speziellen nationalen Belange und vorgefundenen Gegebenheiten anwenden — eine sehr empfehlenswerte Quelle.

H. Hübner

organs were dissected and subjected to radioactivity assay. The representation is shown in figurs, histograms and tables, denoting different behaviours of differed organs toward thyroxine uptake. confirmation of purity was achieved using paper chromatography.

зован для исследования распределения. Отдельные органы была разрезаны и рассмотрены на предмет радиоактивности. Результаты изложены в фигурах, гистограммах и таблицах, дающих информации о расхождениях в поведении органов в отношении поглощения тироксина. Чистота была подтверждена с помощью бумажной хроматографии.

M. Radvan, K. Gibas, E. Skovrońska

A Method for Statistical Evaluation of Autoradiographs (*in English*)

Isotopenpraxis 18 (1982) No. 6, p. 216 to 220
13 Fig., – Tab., 8 Ref.

The method of statistical evaluation of the autoradiograph of alloy samples has been presented. It has been shown that each structure has a different statistical distribution of one of the components. Based on that it is possible to determine the phase diagram and to identify the kind of the alloy structure and the way of its constitution.

М. Радван, К. Гибас, Э Скоронска

Метод статистической обработки радиоавтограмм (*на англ. языке*)

Isotopenpraxis 18 (1982) вып. 6, стр. 216 до 220
13 рис., – табл., 8 лит.

Описывается метод статистической обработки радиоавтографических съемок сплавов. Удалось показать, что любая структура сплава имеет отличающееся от других статистическое распределение одного из компонентов. При этом предполагается, что определение диаграммы состояния возможно, и что идентификация типа структур сплавов представляется возможной.

L. Valis, A. B. Vyshykovska, I. Kras, S. Smoravinsky

Analysis of Semi-Continuous Pouring of Aluminium and its Alloys on the Basis of Autoradiographic Investigation (*in Russian*)

Isotopenpraxis 18 (1982) No. 6, p. 220 to 222
6 Fig., – Tab., 4 Ref.

A radioactive tracer (^{198}Au) was used and a autoradiographic technique was applied to study the impact of the technological conditions of semi-continuous pouring of aluminium and its alloys on the shape of the crystallization front and on the depth of the liquid phase. The analysis of the impact of pouring conditions was performed with the shape and dimensions of ingots, the technique of introducing the liquid metal into the crystallizator and the pouring rate taken as variables. Taking into consideration the technological conditions, the liquid-metal temperature, the liquid-metal level in the crystallizator as well as both the temperature and the volume of the water cooling the crystallizator were considered to be constant. Thus, the impact of the said variables was determined. The results yielded may be used when conducting the automation of semi-continuous pouring of aluminium and its alloys. For maximum limitation of the quantity of the tracer used in order to abtain the autoradiogrammes, a X-ray film of the D-7p type was used.

Л. Вались, А. Б. Выжиковска, И. Крась, З. Сморавински

Анализ процесса полунепрерывного литья Al на основе авторадиографических исследований (*на русск. языке*)

Isotopenpraxis 18 (1982) вып. 6, стр. 220 до 222
6 рис., – табл., 4 лит.

Используя радиоактивный индикатор (изотоп золота ^{198}Au) и метод авторадиографии, изучено влияние технологических условий полунепрерывного литья алюминия и его сплавов на форму фронта кристаллизации и на глубину жидкой фазы. В анализе влиянии условий литья переменными величинами были: Форма и размеры слитков способ подачи жидкого металла в кристаллизатор и скорость литья. С учётом технологических условий принимались как постоянные: температура жидкого металла, уровень жидкого металла в кристаллизаторе, а также температура и объем воды охлаждающей кристаллизатор, определено влияние вышеуказанных переменных параметров процесса. Полученные результаты могут быть использованы при автоматизации процесса полунепрерывного литья алюминия и его сплавов. С тем, чтобы максимально ограничить величину вводимого индикатора для получения авторадиограмм была использована рентгеновская пленка типа D-7p.

F. H. Abou El-Nour, A. A. Al-Suhybani, S. H. Al-Khowaiter

X-Ray Studies on Metal Oxide Promoted Nickel Catalysts for Hydrogen-Water-Deuterium Exchange (*in English*)

Isotopenpraxis 18 (1982) No. 6, p. 223 to 225
– Fig., 1 Tab., 23 Ref.

Nickel catalysts promoted with 20 mol-% of different metal oxides were prepared. The activity of the promoted mixed catalysts for the isotopic exchange of deuterium between hydrogen and water vapour was measured. The total surface area, the specific nickel surface area and the particle diameter of crystalline nickel were calculated. The equation applied for calculation of the particle diameter was presented from the experimental data for nickel surface area measured by the pulse technique. The X-ray diffraction measurements of the catalysts were carried out and indicated that the only peaks produced for catalysts promoted with different metal oxides were those of crystalline nickel. Correlation between the surface properties of the promoted nickel catalysts, their activities for hydrogen-water deuterium exchange and the X-ray diffraction peak-heights of crystalline nickel were established.

Ф. Х. Абу Эль-Нур, А. А. Аль-Сухибани, С. Х. Аль-Ховайтер

Исследование с помощью гамма-излучения ускоренных окисью металлов никелевых катализаторов для обмена дейтерия между водородом и водой (*на англ. языке*)

Isotopenpraxis 18 (1982), вып. 6, стр. 223 до 225
– рис., 1 табл., 23 лит.,

Изготовлены ускоренные с помощью 20 моль-% окисей различных металлов никелевые катализаторы. Была измерена активность ускоренных смешанных катализаторов для обмена изотопов дейтерия между водородом и водяным паром. Расчетом были определены общая поверхность, удельная поверхность никеля и диаметр частиц кристаллического никеля. Использованное для расчетного определения диаметра частиц уравнение было выведено из экспериментальных данных, полученных с измерения поверхности никеля импульсным методом. Выполнилось измерение дифракции гамма-лучей. Они выявили, что по катализаторам, ускоренным с помощью окисей различных металлов, единственные пиковые значения те кристаллического никеля. Были определены взаимоотношения между свойставами поверхностей ускоренных никелевых катализаторов, их активность в отношении обмена дейтерия между водородом и водой, а также величины пиков дифракции гамма-лучей в отношении кристаллического никеля.

Letters to the Editor

W. Kuehne

Studies on the Development of a ^{84}Kr Insect Light Trap Independent of the Current Net

Isotopenpraxis 18 (1982) No. 6, p. 225 to 226
– Fig., – Tab., 8 Ref.

Письма в редакцию

В. Кюне

Исследования по развитию независимой от электрической сети светоловушки для насекомых с ^{85}Kr

Isotopenpraxis 18 (1982) вып. 6, стр. 225 до 226
– рис., – табл., 8 лит.

M. Králová, F. Kysela, Z. Hradil

Thin-Layer Scanner with a Dot Printer Recorder for Radiolabelled Compounds (*in English*)

Isotopenpraxis 18 (1982) No. 6, p. 226 to 230
9 Fig., – Tab., – Ref.

Meetings

Isotopenpraxis 18 (1982) No. 6, p. 230 to 231

Information

Isotopenpraxis 18 (1982) No. 6, p. 231 to 233

New Books

Isotopenpraxis 18 (1982) No. 6, p. 233 to 236

М. Кралова, Ф. Кызела, Ц. Храдиль

Тонкослойный развертыватель с точечным самописцем для меченых соединений (*на англ. языке*)

Isotopenpraxis 18 (1982) вып. 6, стр. 226 до 230
9 рис., - табл., - лит.

Совещания

Isotopenpraxis 18 (1982) вып. 6, стр. 230 до 231

Новости

Isotopenpraxis 18 (1982) вып. 6, стр. 231 до 233

Новая литература

Isotopenpraxis 18 (1982) вып. 6, стр. 233 до 236

(Fortsetzung des Inhaltsverzeichnisses)

Kurze Originalmitteilungen

W. Kühne

Untersuchungen zur Entwicklung einer netzunabhängigen Insektenlichtfalle mit ^{85}Kr

Isotopenpraxis 18 (1982) H. 6, S. 225 bis 226
– Abb., – Tab., 8 Lit.

M. Králová, F. Kysela, Z. Hradil

Ein Dünnschicht-Scanner mit Punktschreiber für radioaktiv markierte Verbindungen (*in Englisch*)

Isotopenpraxis 18 (1982) H. 6, S. 226 bis 230
9 Abb., – Tab., – Lit.

Tagungsberichte

Isotopenpraxis 18 (1982) H. 6, S. 230 bis 231

Informationen

Isotopenpraxis 18 (1982) H. 6, S. 231 bis 233

Buchbesprechungen

Isotopenpraxis 18 (1982) H. 6, S. 233 bis 236

Albert Einstein in Berlin 1913–1933

TEIL I: DARSTELLUNG UND DOKUMENTE

Bearbeitet von CHRISTA KIRSTEN und HANS-JÜRGEN TREDER

(Studien zur Geschichte der Akademie der Wissenschaften der DDR)

1979. 288 Seiten — 14 Abbildungen — 7 Tafeln — 1 Titelbild — gr. 8° — Leinen 42,— M
Bestell-Nr. 762 700 3 (2168/6)

Der erste Band der Einstein-Dokumentation enthält eine Auswahl von Quellenzeugnissen aus den Archiven der DDR, die Einsteins wissenschaftlichen, gesellschaftlichen und persönlichen Werdegang in den fast zwanzig Jahren seines Lebens in Berlin widerspiegeln. In einem der eigenhändigen Briefe äußert Einstein selbst, daß Berlin die Stätte sei, mit der er durch menschliche und wissenschaftliche Beziehungen am meisten verwachsen gewesen sei.
Die Einordnung der ausgewählten Dokumente in den wissenschaftshistorischen Gesamtzusammenhang wird durch eine Einführung von Hans-Jürgen Treder gegeben.

Bestellungen durch eine Buchhandlung erbeten

AKADEMIE-VERLAG
DDR-1086 Berlin, Leipziger Str. 3—4

Contents of this Issue

Articles

K.-P. Dostal: Precision Determination of the Half-Life of the Nuclide ^{99m}Tc in Pertechnetate Ions through Variational Technique 201

G. Hanschmann: Reduced Partition Functions of Isotopic Molecules on a Quantum-Chemical Basis. Part I. MNDO-Calculations of Silicon Compounds ... 203

S. G. Katalnikov, A. W. Choroschilov, A. S. Sobolev, A. P. Timaschev: Optimum Temperatures and Withdrawal Ratio of Isotopic Separation Processes (*in Russian*) ... 208

M. F. Abdel Wahab, F. X. Sutomo, S. Djajusman, N. Bambang, W. Natawiria: Kinetics and Distribution of Radioiodinated Thyroxine ^{131}I in Wistar Albino Rats after Oral Administration of the Labelled Hormone (*in English*) ... 212

M. Radvan, K. Gibas, E. Skovrońska: A Method for Statistical Evaluation of Autoradiographs (*in English*) ... 216

L. Valis, A. B. Vyshykovska, I. Kras, S. Smoravinsky: Analysis of Semi-Continuous Pouring of Aluminium and its Alloys on the Basis of Autoradiographic Investigations (*in Russian*) ... 220

F. H. Abou El-Nour, A. A. Al-Suhybani, S. H. Al-Khowaiter: X-Ray Studies on Metal Oxide Promoted Nickel Catalysts for Hydrogen-Water Deuterium Exchange (*in English*) ... 223

Letters to the Editor

W. Kuehne: Studies on the Development of a ^{85}Kr Insect light Trap Independent of the Current Net ... 225

M. Králová, F. Kysela, Z. Hradil: Thin-Layer Scanner with a Dot Printer Recorder for Radiolabelled Compounds (*in English*) ... 226

Meetings ... 230

Information ... 231

New Books ... 233

FSC
www.fsc.org
MIX
Papier | Fördert gute Waldnutzung
FSC® C083411

Zeitfracht Medien GmbH
Ferdinand-Jühlke-Straße 7
99095 Erfurt, Deutschland
produktsicherheit@kolibri360.de